古典 著

拆掉思维里的墙

白金升级版

中信出版集团 | 北京

图书在版编目（CIP）数据

拆掉思维里的墙：白金升级版 / 古典著 . -- 北京：
中信出版社 , 2021.11（2025.9重印）
　　ISBN 978-7-5217-3546-8

Ⅰ.①拆… Ⅱ.①古… Ⅲ.①成功心理－通俗读物
Ⅳ.① B848.4-49

中国版本图书馆 CIP 数据核字 (2021) 第 183192 号

拆掉思维里的墙（白金升级版）
著者：　　古典
出版发行：中信出版集团股份有限公司
　　　　　（北京市朝阳区东三环北路27号嘉铭中心　邮编　100020）
承印者：北京盛通印刷股份有限公司

开本：880mm×1230mm　1/32　印张：12.25　　字数：290千字
版次：2021年11月第1版　　印次：2025年9月第29次印刷
书号：ISBN 978–7–5217–3546–8
定价：59.00元

版权所有·侵权必究
如有印刷、装订问题，本公司负责调换。
服务热线：400–600–8099
投稿邮箱：author@citicpub.com

目录

推荐序

让我们的生命有自己的价值　俞敏洪 VII

拆掉思维的栅栏　傅盛 IX

序言　你看世界的角度，决定了你的样子 XV

1
有意思比有意义更重要

不要去想人生的意义　003

价值不分高低，每一个都很珍贵　011

有意思比有意义更重要　016

好好"躺平"，放自己一条生路　021

千万别定太大的计划　025

该羡慕这一代年轻人吗？　028

不同的时代，有不同的玩法　032

找到热爱的领域，做极限运动员　037

这个时代的通关法则　042

死在打字机上的阿西莫夫　046

2
让有趣的生命扑面而来

是生活无聊还是你无趣？　051

有趣是无条件的投入　054

无趣之人，是无胆之人　062

爱情会衰退，兴趣也会吗？　065

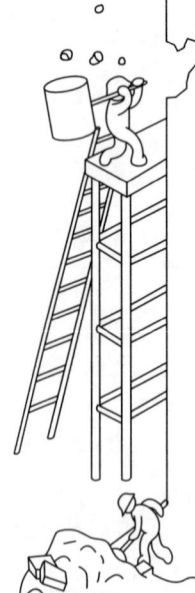

3
你是不是安全感的奴隶

年轻人到底该不该买房？　071
安全感如何毁掉职业发展　084
这不是爱情，而是恐惧　087
关于"爱"的三个误会　093
为什么美女大多不认路　096
6 招快速提升安全感　101
困境里自救的两个触底反弹的问题　111
安全感不是索要的，而是给予的　114

4
心智模式决定命运

你还相信星座是真的吗？　121
你看到的都只是你想看到的　125
我们都是自己生命的"巫师"　130
"思维里的墙"如何限制你　135
为什么安妮总爱得病？　138
为什么很多有钱人一点也不快乐？　141
心智模式到底是什么？　146
心智模式从何而来？　157
升级心智，拆掉思维里的墙　161

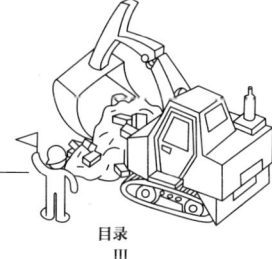

5 成功学不能学

人人都能成功？怎么可能 169

成功学打假故事会：爱因斯坦、肯德基与盖茨 172

谁说坚持一定会成功？ 181

成功，就是越走越近 184

6 如何找到热衷一生的事业

不要和只要结婚的人谈恋爱 193

怎么找到最适合的工作？ 202

不投简历也能入职的8种"野生求职法" 212

千万别做完美的职业规划 220

不要因为一个水杯约束你的生命 229

放掉人生的沉没成本 234

你是人生的漂泊者还是航行者？ 240

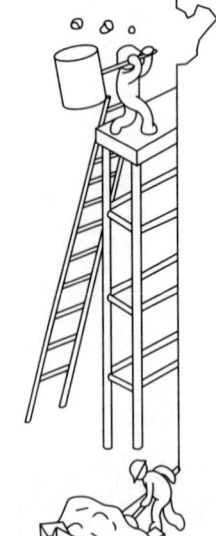

7
原来我还可以这样活

是谁让你不开心？ 247
受害者与掌控者模式 252
为什么受害会上瘾？ 259
拒绝受害，掌控生命 270
如何面对世界的不公平 274
拆掉"受害"这堵墙 289

8
幸福是一种转换力

你活在父母的剧本里吗？ 295
"父母爽—我不爽"的双输模式 300
"我爽—父母不爽"的双赢模式 302
人生董事会，你是最大股东 306
做自己，还是演自己？ 309
谁动了我们的幸福？ 313

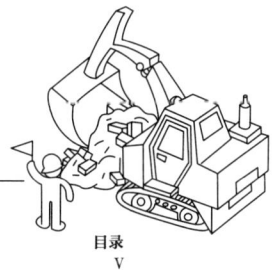

9

成长，长成自己喜欢的样子

因为很贵，所以很好吗？ 325
高收入就是好工作吗？ 329
感情是不能放在秤上称的 333
你越强调什么，就越缺少什么 335
向自己的生命发问 339
与其在等待中枯萎，不如在行动中绽放 344
坏的开始等于成功的三分之一 350
开始很好，"开始爱好者"除外 353
给残酷世界的温暖规划 357
做自己比成功更重要 365

推荐序

让我们的生命有自己的价值

俞敏洪　新东方教育科技集团董事长

还记得第一次见到古典是 2002 年。他在新东方楼下发 GRE[①] 班的传单，我邀请他到我办公室，并且对他说："我希望你成为一个比我更好的词汇老师。"他告诉我他叫古典，后来，他成为新东方优秀的老师。我知道那一年，是他人生中的一个绝望之年：失恋，想逃离出国，放弃自己的专业。新东方真正吸引他的，应该是新东方从绝望中寻找希望的精神。

后来，我们有了更多的接触，我们会一起到北京延庆的康西草原骑马，也会在教师培训会议上见面，因为古典是新东方的培训师之一。2008 年，汶川地震，全国告急，我从美国飞回北京，一落地就直奔灾区。在去灾区之前，我就得知古典已经在灾区做志愿者了。受到古典的启发，新东方向灾区先后派遣了几十名老师做志愿者，为灾区的孩子们做心理辅导，给他们上课。古典的爱情也和灾区志愿者有关，新东方的一名女老师，和古典在灾区

---

① 美国等国家研究生入学资格考试。

工作时，同甘共苦，最后互相爱慕，终成眷属。

　　古典的理想不仅仅是成为一个新东方的优秀老师，他希望能够通过自己的努力，成为一名优秀的人生道路设计师，向青年人传播他的理念，传递他的生命价值。他从零开始，重新规划了自己的人生。他收集并研究各种成功案例和心理案例，并且按照自己的方式编成课程，把其中的道理讲给其他人听，古典逐渐形成了一套自己的理论体系，尽管还是有点青涩，但可以看到他思想的大气。这本《拆掉思维里的墙》就是他的思想成果之一。

　　在这本书里，古典讲了很多关于生命的价值、积极的心态与职业发展的故事，这也是他在新东方的成长经历与所感所得。通过一个个小故事和案例分析，再结合亲身感受，他把"思维之墙"对人的限制讲述得淋漓尽致。这种自我剖析与自我超越并存的快感，使阅读这本书变得非常有趣。

　　新东方老师的著作一般都是英语学习著作，能够写出思想性和趣味性并存的著作的人凤毛麟角。古典的这本书，我能够一口气读完，表明了其内容的可读性和观点的新颖性。非常高兴能看到，古典在几年的不断努力之后，找到了自己的发展路径和心灵寄托，而且开始为更多的人提供帮助。

拆掉思维的栅栏

傅盛　猎豹移动 CEO

有一年年底，我独自一人，从北京开车到广州，一路近 3000 公里，都在思考一个问题：人和人的差别究竟在哪？人和人之间为什么会有差别？我想到了一个词：拆掉思维的栅栏。

后来，我在机场看到了《拆掉思维里的墙》这本书，心有戚戚。我一般不看成功学的书，事实上我也不认为这是一本成功学的书，因为作者的思考给了我很多启发。

我发现，有时候限制就是限制本身。你认为做不到，你就真的做不到；你觉得自己可以更强大，你就真的会变得更强大。

你有没有想过，真正限制我们的，是我们思维里看不见的墙，而这堵墙很大一部分来自内心的不安全感。

我认为安全感的本质不是你真的安全，而是你不害怕危险，敢于面对困难。记得有人问过我："上市后最大的收获是什么？"我说，最大的收获可能就是内心的所谓安全感，面对这个世界时，内心的想法没有了那么多限制。

每个人都在追逐安全感，这很正常，但很多人成了安全感的奴隶。什么是安全感的奴隶？就是害怕改变，保持现状，听信他人。追求安全感是人的本能，但安全感的获得必须通过内心真正的强大。安全感是给予，不是索取。恐惧越多，索取越多，不安全感反而递增。

正是因为很多人对这个世界充满了恐惧，当生活中遇到困难时，我们很多人才不自觉地变成受害者，这就叫"受害者心理"。这种恐惧和不安全感，滋养了一种受害者心态。遇到困难的时候，你总会觉得世界不公平，充满了各种问题。这本书的作者把这种模式称为"受害者天堂"。

什么叫受害者天堂？就是受害者最愿意去的地方。大家聚集在那儿，彼此安抚，觉得人生果真如此。作者还总结了受害者天堂的几个法则。

受害者天堂的第一个法则叫推卸责任，保住面子。

一切问题都不关我的事，不是我的错。

如果一个孩子没学好，父母问起来，受害者就会说，不是我不好好学，是老师讲得不好；如果一个任务没完成，上司质问时，受害者就会说，不是我的问题，是客户太变态。

受害者有一整套这样的逻辑：不是我的问题，是别人不好；不是我的问题，是我小时候没这个条件；不是我的问题，是这个社会太浮躁。**在受害者天堂，大家从来没犯过什么错，美德都是他的，错误都是别人和社会的。**

当然，他们也没做成过任何事情。作者在书中提到，受害者也不需要成就什么，他们只要不断地倾诉和编故事就好了。但问题在于，这个故事一开始很真实，后来慢慢就开始夸大，然后自己也慢慢相信了——他生活在一个老板变态、老婆不可爱、老师不好的世界里。

很多同事向我抱怨自己有多难，其实那些所谓的"难"，在我面前根本就不算什么。我们创业的时候多难呢？那个时候，因为要赶工作，我连爷爷最后一面都没有见到。下了汽车后，我都不敢回去，坐在路边哭了好久。就在那种情况下，我每天还要打电话催促大家干活。

但是，每当我说到这儿时，他们还有一招，他们会说，你是老板，所以应该的啊。这就是蛋和鸡的问题。难道我从第一天开始就是老板吗？这又是个万能的破解法。

总之，在受害者天堂，一个人做不好事情，绝对不是个人能力的问题，而是这个事情有问题。

受害者天堂的第二个法则就更进一步了，叫安心做坏事。

在职场中，很多人每天不努力工作，也可以心安理得，为什么？因为他们觉得，这个公司太烂了，这个老板太变态，太不理解我们，所以我这样就很好了。

美国有一项研究，在辛辛监狱中，几乎没有哪个罪犯会承认自己是坏人。他们会为自己的所作所为辩护，他们都坚信自己不应该被关进监狱。**很多做坏事的人都拥有一个完美的受害者的故事。**

当部门经理的时候，我会告诉组里的人，跟着我很苦，要是觉得不舒服就换一个机会，但只要你留在这里一天，就要对得起自己的每一天。别说对得起这家公司，首先得对得起自己，还有什么比自己的时间更宝贵的呢？所谓的为公司干，不就是为自己努力吗？如果这个都想不通，还心安理得，就别一起干了，否则，不如自己找一个更舒服的环境。

事实上，这个世界根本没有让你舒服得一塌糊涂的环境，必须自己变得强大，才能勇敢地面对这个世界。

受害者天堂的第三个法则叫分享"凄惨故事会"。

受害者都有一个共同嗜好，就是比惨。大家聚在一起分享各种凄惨故事，最后演变成凄惨故事会。

这种凄惨故事会，不只存在于人们茶余饭后的谈资，整个社会都变了样。比如，每个电台都有一档节目或好几档节目，在讲述谁比谁惨。在这种节目里，老婆必须出轨，男友一定不忠，儿子肯定不孝顺，收视率还相当高。因为看过这些节目的人都会找到安慰，原来世界上还有这么惨的事情。

每个人都在别人的受害者故事中获得不少廉价的快乐和虚无的安慰。

作者在书中也举了很多生动的例子。在受害者天堂，如果你失恋了，你的女伴会聚集过来陪你喝酒，说男人没有一个好东西（难道她们都试过了？）；如果你上午被老板骂了一顿，你会很快地被吸收进公司的受害小队，他们中午聚餐的主要任务就是一起讨论老板有多变态（我也不知道自己被讨论过多少回了）；如果小孩子不小心摔倒在地，哇哇大哭，家长不会责怪小孩没走好，而是会打地板说"地板错错错"，最后小孩子开心地笑了。

我们在这样一个天堂里，居然浸泡其中，慢慢习惯，然后沉浸，开始分享。

受害者天堂帮助"受害者"轻松获得同情和帮助，就像一个人生病之后，就觉得可能有人会看望他一样。他们在这个舒适的受害者天堂，陷入了无尽的情感黑洞。

但是，怎么办呢？其实核心就是自己去掌控。首先要承认一个残酷的现实——这个社会就是不那么公平，但这并不影响你在社会上快乐地工作。

那么，如何才能从一个受害者变成一个掌控者呢？

不妨先进入一种诚实的思考：不管什么情况，你都可以负全责。只要你愿意，你就可以做得更好，甚至可以做一种心理假设——如果把所有经历过的事情重新倒推一遍，所有条件都不改变，只有自己改变，你能否得到一个更好的结果呢？如果答案是Yes（是的），那么你就开始进入掌控者的角色；如果你的答案是No（不是），那你认为自己以前已经做得足够好了，所有的不好都是别人的问题。

回想跟徐鸣创业的时候，我们两个人经常把自己锁在办公室里相互检讨，不断反省哪件事情没做好，哪件事情还可以更好，会不会有更好的选择。我以前认为这是个简单的问题，后来跟很多人交流，发现这个问题并不容易，因为很少有人愿意去面对否定的自己，那个过程很痛苦，需要不断抛弃过去的自己。

你经历过的所有事情，其实都是你的财富。

这让我想起柳传志写给杨元庆的那封信，当你是一个"火鸡"的时候，别人不会认为你比他大，这时候，你可以反思一下，我真的做得足够好吗？

这个世界就是这么不公平。你做得只是好一点，别人是不认的；你必须做成一只鸵鸟，比鸡大得多的鸵鸟，到那个时候，所有人才会说你好。

如果你觉得世界不公平，可能本质上还是你不够强大，你还没有做得足够好。

其实，人与人之间的差异并没有我们想象中的大，与其说是

智商的差异，不如说是思维的差异。我们生活在一个处处不公平的世界，我们无法改变这个世界的规则，无法改变自己的过去，但至少可以改变我们面对这个世界的心态，改变自己对于过去的看法，用一种新的思维模式，重新面对这个世界。

如果你愿意，你总是可以掌控点什么。谁没有痛苦，谁没有纠结呢？除非你的受害者模式让你深深陷入抱怨与自怜之中。只要你愿意用一种掌控者的心态去重新面对自己的工作和生活，你就会感受到幸福。

序言

你看世界的角度，决定了你的样子

人和人之间，为什么差距和差异会那么大，而且越来越大？

是因为各自的天赋、环境的不同，还是思维方式、做事方法？是运气不佳还是选择不对？

自 2003 年从事教育行业以来，这个问题就不断拉着我，穿过种种人生。

人的视野像手电筒，未知世界如茫茫黑夜。走在清凉黑夜里，大师如同闪亮的星星，在头顶若隐若现，我抓紧自己的手电筒，照着脚下，一步步前行，偶尔见几个同路人，心生欢喜。

这个问题像天上的月亮，一直照着我。

我读过很多书，见了很多人，于是有了些想法，并把这些想法在自己创办的公司中去验证。有些对了，有些错了，就有了些认知，带着这些认知去咨询、授课、写作，继续思考。思考所得，积累下来，便成了书。

这些年来，我一共写了《拆掉思维里的墙》《你的生命有什么可能》《跃迁》三本书，翻译了两本著作，编著了两本教材《大学生职业发展与就业指导》《生涯规划师》，加上得到 App（应用程序）上写的 110 万字的《超级个体》成长课，整体下来，有了近 300 万字的体量。

此刻，距离第一本书《拆掉思维里的墙》出版，正好 11 年。

11 年是一个人从青涩到而立，是一只狗的大半生，是一本书的好几个轮回。

从《拆掉思维里的墙》到《你的生命有什么可能》再到《跃迁》的历程，就是这 11 年来我关于个人发展思路的升级之路，是从个体论到系统论的发展之路。

人和人之间，为什么差距和差异会那么大，而且越来越大？

大家可能会告诉你，是因为没有刻意练习，没有 SMART[①] 目标，是时间、精力管理没做好，是读书方法不够高效，是你的个性和职业不符，是你的优势没有发挥出来。

而《拆掉思维里的墙》的观点是，问题出在最底层——你看世界的角度，即心智模式的问题。

- 安全感不是拿回来的，而是给回来的。
- 无趣之人，其实是无胆之人。
- 成功就是越走越近。
- 坏的开始等于成功的三分之一。

这本书将心智模式的 7 个问题一个个拆解：**怎么看待成功，要**

[①] SMART 目标管理原则，其中的 S 代表 specific（具体的），M 代表 measurable（可度量的），A 代表 attainable（可实现的），R 代表 relevant（相关的），T 代表 time-bound（有时间限制的）。——编者注

不要躺平，如何有安全感，如何活得有趣，怎么做自己，怎么做职业选择，如何理解与家人的冲突，并都给出了转变心智之道。

神挡杀神，有墙拆墙。很多人也在我的公众号进行过60道"心智之墙定位器"的免费测评，通过定位报告，初步看到了自己的思维之墙。《拆掉思维里的墙》的核心思想是**自我全责**——如果你全然为自己负责，你就有能力改变命运；如果你不担起这个责任，任何方法论的缺陷、环境和基因的不公，都会成为你推责的对象——这样的人生只有抱怨，没法进步。我们后来把书评里出现最多的一句话变成了这本书初版时的副标题——原来我还可以这样活！

不过旧墙拆掉，新问题又出现了。

当人们知道了自己能够全责选择人生的时候，他们是更自由还是更迷茫了呢？

一阵兴奋过去，他们更迷茫了——以前我们还可以怪社会、怪父母、怪领导，现在只能怪自己啦，那接下来该怎么办？

这是人类进步的必经过程。尼采曾经大呼"上帝死了"，但这之后，欧洲人并没有更幸福。人从上帝那里拿回了自由——再没有人总给我记着小本本，让我等待末日审判了；也没有了天命，没有了安排，好爽！但他们马上意识到，没有了造物主的安排，他们必须自己安排自己，并为结果负全责。这和高三学生到了大学，第一学期突然没人管了的懵懂感是一样的。之后长达30年，欧洲整体陷入了虚无主义，然后，现代化、科学的思潮就出现了。

认知的打开，必须有科学方法论的支撑，否则就仅仅是个颅内高潮。

《你的生命有什么可能》就是这么出来的，它是承接《拆掉思维里的墙》的实践手册。《拆掉思维里的墙》是心法，《你的生命有什么可能》是技法。我在《你的生命有什么可能》这本书里提出了"**人生四度**"理论：除了追寻名、利、权的主流价值，人生至少还有 4 种努力方向，即高度、深度、温度和宽度。另一个理论是"**三叶草**"模型，即除了沿着职级、工资的框架向上爬，每个人还可以通过培养兴趣、提升竞争力、培养定见，推动自己的"**兴趣—能力—价值**"内在成长飞轮，把职业改造成"在热爱的领域努力地玩"。

有了这些抓手和方法论，人生会多出很多可能。

《你的生命有什么可能》的传播程度远没有《拆掉思维里的墙》高，可能因为想做到的人远远比想知道的人少吧。

对于个人发展的差异之问，在这个阶段，我会说，**看清人生真相，做聪明的努力，为自己负全责**。

但等到写《跃迁》时，这个答案有些不同了。

一是周期长了，对个人发展的问题观察已经拉长到 10 年。一年看不明白的事，三年有点眉目，十年清清楚楚。二是我的眼界也开阔了，从熟悉的教育培训、人力资源和心理学，走到了互联网、电商、职业教育、知识付费等行业。三是视角的多变，我从咨询师逐渐成为经营者和投资人，经常早上做咨询、下午开管理会，偶尔还参与个投资决策。多层次的站位，让我深度理解"做自己"这件事，哪些完全是文字上的理想主义，哪些是真实生活里的光，必须坚持下去。

当再回来看这个问题，我发现"做聪明的努力"这个答案，逐渐被"**选择大于努力**"取代。

当年进入互联网、汽车、电商这些快速发展行业的人，或选择某个专业领域深耕的人，无论在收入、眼界、思考深度还是幸福感上，都远远比他们的同学要好（除了发量）。即使行业衰落，他们转型的选择空间也比别人多。虽然过去的选择常常是无意识的选择，但这整整一代人的人生实验总结出的规律，却可以指导我们的未来。

小成靠聪明的勤奋，大成靠明智的选择。

从短期来看，心态认知方法论最重要；从长期来看，开阔视野、做好选择、借力系统是人生复利。这种规律短期被小得小失、快意情仇掩盖，等到这种复利拉出一条陡峭的增长曲线，外人会惊呼：他们在"跃迁"！

这里再强调一下，我说选择大于努力并不是说要偷懒不努力，恰恰相反，做选择是所有能力中最难的一项，它是你所有经验、认知和勇气的体现。要做好选择，需要战略层面极大的雄心和定力，还需要很多认知和工具。

《跃迁》这本书讨论的就是**"借力"**二字。书中拆解了古往今来实战高手的策略——高手为什么都有自己的"暗箱"；他们如何定位自己，成为头部；如何借力他人，联机学习；如何系统思考，层层破局；如何培养自己的眼光和定力。

人和人之间，为什么差距和差异会那么大，而且越来越大？在这个阶段，我会说，**不仅要聪明的努力，更要和大时代、大系统共生，借力与联机并用，实现跃迁。**

近十年，从个人论到系统论，同样的观点转变也发生在企业管理、个人成长领域。公司培训的热门课，从"把信送给加西亚""请给我结果"的心态突破,到"高效能人士的7个习惯""时间管理"的方法论升级,再到"抓住风口""点线面体"的整体战略共识。

在心理领域,一个人的困境不再仅仅被认为是他(她)的认知、情绪,甚至是精神的问题,而更多的是被放到原生家庭、社会文化大背景下讨论。

比如,一个小时候受过原生家庭伤害,盯着孩子练钢琴时,总忍不住暴怒的父亲寻求咨询。过去,咨询师的建议往往是觉察、深呼吸、转念,找安全的地方自我疗愈,然后面对孩子纯粹的爱。但这套修炼也太难了吧!当爹修炼成这样的时候,孩子估计也都成年了。

家庭系统咨询的思路,则是把孩子和父亲当成系统,一起面对这个问题。让孩子听到爸爸的烦恼,最后让孩子意识到,爸爸的很多怒火不是冲自己来的,而是爸爸没能控制好他自己。孩子先是不再自责和害怕,甚至会尝试理解和原谅爸爸。爸爸也学会了在事后及时道歉,并且独自去完成自己的功课。在融洽的父子(女)关系里,这件事情成为他们更亲密的机会。系统观点认为,重要的不是单个元素,而是元素之间的关系。

不难看出,系统论的思路更快,它不强调对错,而是直击问题。

从认知到方法论再到系统论看问题,这是人类认识事物、层层展开的认知过程。

不过,这不是说小明吃了7个包子饱了,小强现在就该直接吃第7个包子,我们还是需要从思维"拆"起——没有"自我全责",就不会有"聪明的勤奋";缺乏基本的执行力,就别谈什么"高手战略"。这三部曲,还是要一步步慢慢来。

这就是《拆掉思维里的墙》、《你的生命有什么可能》和《跃迁》的脉络,也是把它们串到一起的初心。金庸先生把自己研著之书名首字编了首诗:飞雪连天射白鹿,笑书神侠倚碧鸳;而我只够凑个对联:**思维可拆墙,人生能跃迁。**

交代了三本书的脉络,接下来说说新版《拆掉思维里的墙》有什么不同。

记者曾问围棋大师吴清源,平日研究谁的棋谱,吴清源说自己的。一位棋手研究最多的棋谱,一定是自己的。一位作家阅读次数最多的书,也一定是自己的。修订其实比写还要难,就是要反复看自己的文字看到吐,再慢慢加加减减。

新版针对集体的"躺平""慢就业"等话题,增加了整整一章,共17000多字;调整了部分章节结构;删减和更新了最新的理论、案例、典故、考据124处;调整了一些文字表达,让它更加适合今天读者的口味,大概有400多处;封面重做,版式重排,部分插画重画,让视觉整合统一。

最后说说整体下来的感悟。

在《跃迁》里,我借用彼得·德鲁克的观点总结出自己的创作闭环:用咨询驱动,用讲课整合,用写作产品化;还搞出来一个IPO(输入问题、解决问题和输出产品)闭环,煞有其事。很多知识型工作者表示很喜欢,并将其用作工作方法论。

但老实说,这套方法不是想清楚再开始的,而是做明白回来归纳的。当初,别说写这本书,就是写作于我都是一个偶然。我第一本书的编辑泽阳,当时是我的学生,听了我的课后对我说:

"现在听你讲课要 2000 多元,有没有可能写本书,以后别人学就只要几十元?"这个问题打动了我,于是开始写作。

自此以后,我的写作一发不可收拾,这一路上,很多前辈提携我、支持我,为我作序、推广;很多同行同事关心我,给我很多建议和反馈意见;家人以我为荣,即使写作牺牲了很多陪他们的时间。与此同时,这十年来,在中国个人发展领域涌现出越来越多、越来越好的原创作品,以及越来越多善思会写的读者,这让我十分兴奋。今天我还在写,并且准备一直写下去,写得更多。

这就是人生的有趣之处:出发常常是偶然的,到达却是你选择的。手攥着一颗小珍珠,就可以出发,迟早你会找到很多珍珠,找到穿珍珠的线,把它们串成项链。

回到开头那个拿着手电筒找答案的夜里,月亮和群星依旧在头顶,我却不再是那个步行探索的人——现在的我在滑雪。

时代的趋势、社会的系统和种种机会,是月光下泛着银色光芒的大小山峰,我顺着山形,保持重心,脚尖轻轻用力,判断自己要拐入的一个个路口和坡道。慢慢地,眼前的视野越来越宽,耳边是风声和雪花的轻抚,月亮当空,我的心里越来越安定了。

古典

2021 年 9 月

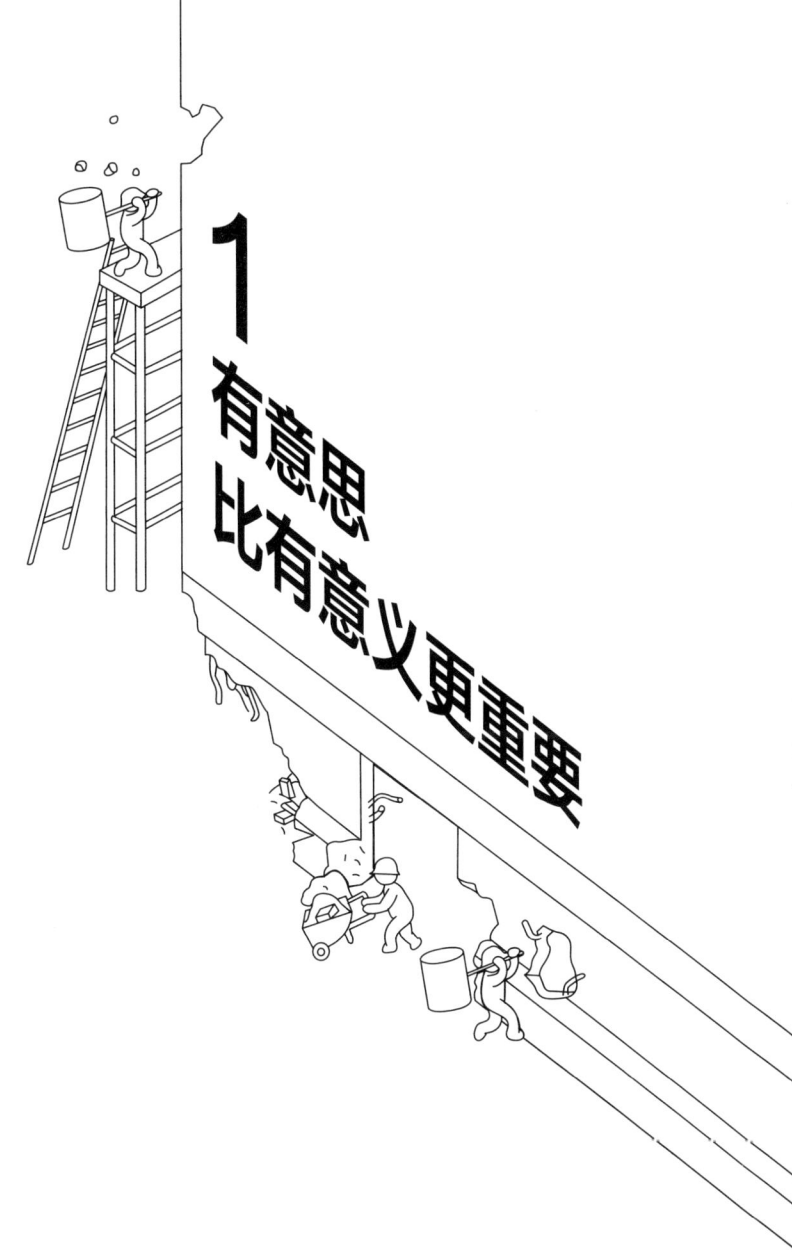

1 有意思
比有意义更重要

不要去想人生的意义

"你觉得人生的意义是什么?"
"什么是我能热爱一生的事?"
"什么是我最独特的天赋和热情?"

我做咨询,天天都会遇到这样的提问。

我的回答常常是:"就从做点你觉得有意思的事开始吧!有意思比有意义更重要。"

大家往往会很诧异地盯着我,觉得我堕落了。他们以为我要正色告诉他们,要做生活的高手,不能"躺平",要为梦想奋斗,要为中华崛起而读书,要玩儿命刻意练习,要相信自己是10万小时的天才,因为杀不死你的会让你更强大。

抱歉,这些这本书都不会讲。当然不讲不代表我反对,我只是更想说:**有意思比有意义更重要。**

对于意义的追寻和精彩的热爱,我已经刻在了骨子里,这在我的文字里到处都能看到。

人生的意义是什么?

这个问题像是我的某种慢性病,在我的生命里每隔几年,每进入一个新领域,每遇到一个新阶段就跳出来,折磨我,质问我。王小波说,人在年轻时,最头疼的一件事就是决定自己这一生要做什么。我不知道他年长以后头还疼不疼,反正我还是一直觉得很困惑。

大学时,我读罗曼·罗兰的《约翰·克利斯朵夫》;我信仰罗素的人生意义:对爱的追求、对知识的渴求和对人的悲悯;很多个除夕之夜,我都没看晚会,一个人戴着耳机听唐朝乐队的重金属摇滚;3月,我去过海子的故乡,为他默哀。

后来去了新东方,我感动于"从绝望中寻找希望,人生终将辉煌"的新东方精神,我相信"每个人都是一棵树,只要给予足够多的养分,终将成长为自己喜欢的样子"的人本主义,我信仰"People are Ok"(人是没有问题的)的教练原则;我把乔布斯的人偶放在桌子上,提醒自己要改变世界;我的案头放着《人类简史》《反脆弱》,相信《原则》《有限与无限的游戏》;我还请很多人给我讲老庄,讲《金刚经》《心经》《大学》,还有热心的布道者给我讲解《圣经》《古兰经》,这些经典都深深震撼过我的心灵。

这些都是我追寻意义的脚步。

不过这几年,我对人生意义、底层逻辑开始逐渐松绑。我发现人其实并不需要这么多意义和模型,而且很有可能,学得越多越困惑,意义太多,就很难指导具体的生活。你要找到的,是现在最有感觉的那一个。

比如说做公司这个事。很多人知道,我除了是一名作者、一个生涯规划师，还是一名创业者。我创办的"新精英生涯"已经是一家 14 年老店。中国七成左右的职业规划师，都在新精英生涯学习过。我们的目标是帮助 30% 的中国人成长，成长为自己喜欢的样子。

但慢慢地就会有一些朋友或投资人过来劝我：古典，你要把公司做大啊！10 多年过去了，你的公司还这副样子？你为什么不再努努力，融资、上市啊？

这些话听起来都很有道理，也有意义：

- 公司上市，对于跟了我这么多年的老同事，可以拿到一笔丰厚的回报，对得起他们；
- 把公司做大，在更多的地方、更好的场地开发更多课，能帮助更多的客户接触新精英生涯；
- 丰富职业生涯的产品线，拓宽营收渠道，对公司本身的健康发展也有意义……

所以，有一段时间，我和我的同事开始写标书，密集地见投资人，拜会投资机构……甚至最后已经和一家顶级的投资机构达成意向，按照他们建议的赛道设置了方向。但我始终隐隐觉得哪里不对。

我罗列了那么多把公司做大的意义，却始终没有问自己一个问题："这件事，自己兴奋吗？我觉得有意思吗？"

这个问题让我冷静下来。

我意识到，当时我们还远远没有做好准备——生涯规划领域还远远没有大众化，也没有足够多的需求、足够的人才可以诞生出一家上市公司；作为创始人，我在商业方面还欠缺很多能力，需要找到对经营有热情的合伙人；我们甚至要回答：一家针对个人发展的公司，有必要上市吗？

此刻的融资，对我来说，更类似于给自己做了这么多年的创始人交了一份答卷，"你看，我做得还行吧！"但这份得分只有80分的答卷，我又要交给谁呢？

在最后时刻，我决定暂停上市计划。

我逐渐意识到，跳过自己的感受，仅靠巨大意义和价值来说服自己做事，是个坑：

- 出版社编辑说，影响力就是话语权，把思考变成文字，帮助社会进步最有意义。你要多出几本书啊！
- 公益人对你说，面对受难的人，我辈怎能背过脸去？帮助弱势群体最有意义。
- 新东方老领导会说，有没有考虑过回来一起做？先在大平台积累资源，以后再出去创业，速度更快啊！
- 团队会说，我们几个兄弟在一起奋斗这么多年，多赚点钱分了，大家开开心心地过日子，多有意义。
- 爸妈会说，人生就这一辈子，要好好地平平静静地过日子，教育好子女（"最好生个男孩"，我替我爸说一句）最有意义。

你看，他们说得都对，每件事背后都特别有意义：读书有意义，写作有意义，讲课有意义，出版有意义，创业有意义，做大有意义。但是你还是不知道该怎么选。无论怎么选，事情都需要踏踏实实地去做很久，如果你的心力和精力跟不上就什么也做不出来，那就等于做啥都没意义。

我也犯过错误，比如只是因为觉得有意义勉强接下来的项目，就很难做得好、做得久，最终把情怀做成了尴尬。

抱歉，没有能在开篇以一个成功人士开头。因为我始终坚持：**真诚比智慧更重要。**

没有什么能通往真诚，真诚本身就是道路。

我们应该追寻人生的大意义吗？有两个心理学实验，似乎能验证我的感受。

一个故事来自维克多·E. 弗兰克尔。我们都知道弗兰克尔是个犹太人，二战期间被迫害关进了集中营，后来成了存在主义心理大师。

集中营里糟糕的饮食、超负荷的工作，让很多人受不了折磨而死去。但让人诧异的是，最先死去的却是原来被认为最应该活到最后的人——那些身体健壮、受过良好教育的男性，而那些羸弱的老妇人却往往活到了最后。

他通过仔细研究发现，那些身体健壮、受过良好教育的男性，一辈子被教育要做有意义的事、重要的事，来到集中营后，这些人反而觉得没有意义、没有出路了，有的选择自杀，有的则在绝望中离开人世。倒是很多老妇人，整天思考怎么把"家传项链挂到儿媳妇脖子上去"，从而完成传承百年的愿望。为了这个"不可推卸"的责任，她们最后很好地活了下来。

为大意义而活的人因为看不到头而毁灭；活下来的人，则是在糟糕的生活里找到了切实的、可实现的、可追求的小意义。

心理学家斯蒂格（Michael F. Steger）花了十多年时间，在"生命意义"这个话题上有了更深刻的洞察。他发现，知道自己生命意义的人，会更健康、更长寿。那怎么才能发现自己生命的意义呢？他进一步把生命意义分成了**意义拥有**和**意义追求**两个维度。[①]

意义拥有是指，你能感受到自己的生命拥有什么意义，清楚自己在追寻什么。意义追求是指，你还在思考和探索：我的生命还有什么意义？我到底该追寻什么？我过成这样是天降大任于斯人，还是拿了个倒霉剧本？

你看，意义拥有用来感知当下，意义追求则是追寻未知；前者支撑当下，后者拓展未来；一个走心，一个走脑。

接下来的结论有点反常识。斯蒂格进一步发现，越感知意义，我们的幸福感、自我价值感就越强；而越追求意义，我们的幸福感、生活满意度和积极情绪就会越低。对，你没看错，是"越低"。

可见，追求意义是很费幸福感的事，所以哲学家、喜剧大师好像都不太快乐。

王阳明年轻时候也走过这条弯路，他是一个"富二代"+"官二代"，立志当"圣人"，这是个大计划。他天天在家里"格竹子"，思考世界终极真理，结果什么也没搞出来。突然有一天，他受到巨大的迫害，先被投到大牢里关了三年，后来被迫从北京返回老家，又一路被追杀，假装自杀才好不容易摆脱了那两个杀手。再后来被发配到蛮荒之地，一天目睹三个和他同命运的人死去。于是，他彻底放弃了追寻，躺在石头棺材里，做了个思想实验：死了会怎样？他发现死了也不太可怕，"圣人之道，吾性自足，向之求理于事物者误也"。这就是著名的"龙场悟道"。

[①] 杨慊,程巍,等.追求意义能带来幸福吗？[J].心理科学进展,2016,24（9）：1496–1503.

王阳明都挑战不明白的事，我们就更难走通了。回到普通人身上，如果你觉得现在活着没什么意义，还总关起门来思考"我的人生有什么意义""我的使命到底是啥""我该如何改变世界"这种问题，你不仅很难想通，而且会越来越丧，最后陷入恶性循环：

思考意义→想不明白＋很不快乐→我一定是还没找到答案→继续思考意义→更加迷茫和不快乐

结果就是，你要么陷入迷茫，要么进入虚无，觉得凡事不如"躺平"。

这是不是完全和思考"人生有什么意义"这个初心背道而驰呢？

有个学生过来向我抱怨。

"古典，我的人生毁了，我只差两分就能上北大，可现在只能在这个烂学校。我永远也不可能变成我希望的精英了，我的人生还有什么意义呢？"

为了证明这个"永远也不可能"，他接着举例子。

"你知道这两所大学差距有多大吗？北大有1000多万册藏书，我们这个鬼学校，只有不到10万册，完全没法比。"他叹气道。

"那你看了几本呢？"

他蒙了，挠挠头说："3本吧。"

我当然不是要对这个学生说，你要过得越爽越好，"躺平"拉倒。人除了眼前的苟且，得有点诗和远方，但要去远方，你往往先要走出眼前这摊苟且。

伟大的梦想不是想出来的，而是做出来的。

我想说的是，**你现在能感知什么意义、认同什么目标，就先好好地体会这个意义，为这个目标行动。**

如果你现在希望自己在某方面做个很厉害的人，那就踏踏实实地让自己去练习；如果你觉得当下重要的是赚钱，让自己租个好点的房子、养只喜欢的猫，那就踏踏实实地去赚钱。

你可能并不需要马上就成为精英，拯救世界，你可以先把自己"捞"出来。当你有一天能改变世界的时候，你会有感觉的。反过来，那些天天想假大空意义的人，一旦发现驱动不了自己，就会转而教唆别人寻找意义：

- 对"码农"说：你的App每天都会服务很多用户，让他们生活更便利、充满幸福感。
- 对公路收费员说：你的存在让公路更通畅，家人更快团聚，安全到家。
- 对考试通不过的人说：杀不死你的会让你更强大，这次失败能让你把知识再巩固一次！
- 对被泼脏水的人说：你自己是不是也有做得不好的地方？你要不要反思下自己啊？

修养好的人听完，可能出于礼貌表示认同，但心里不为所动；要遇到性格火暴的，可能就不是什么好听的话了。比如有人劝郭德纲大度一点，郭德纲说："我最烦那种不知道什么事，就劝我要大度一点儿的人。你知道我经历了什么？"

所以，我的建议是，不要去想什么憋不出来的大意义，就从你感到有意思的事开始做起。能看到诗和远方固然好，如果看不到，实践一下你关心的小目标也挺好。

价值不分高低，每一个都很珍贵

你也许会说，不对，人生需要一个宏大的意义，这样人生才有价值。比如我就听过一个"三个工匠"的故事。

三个工匠盖教堂。

一个无精打采，一个兴致勃勃，一个两眼放光。第一个工匠认为他在为生计被迫劳作，第二个工匠认为他在赚钱养家，第三个工匠认为他在为神做圣工。

这个故事常用在企业培训中，想传达的意思是，**当你看到做事背后的更大意义，你的人生会完全不同。**

结论并没有错，但落脚点有问题。

首先要恭喜这三位工匠，他们在边做边想，而没有躺在家里苦思：盖教堂的意义是什么？养家糊口的意义是什么？人类需要工作吗？工作的意义又是什么？

想不想得出来答案另说，不出一个月三个人都得饿死。

但我并不觉得第三个工匠最伟大，我觉得他们一样好。

在真实的生活里，你会发现这三个工匠往往来自不同的环境，有不同的境遇，面对不同的难点，这些都影响着他们追寻不同的意义。第二个工匠也许来自大家庭，从小受到族人的支持，学得这门手艺，养活一家人对他来说是件既浪漫又辛苦的事。第三个工匠也许从小受到宗教或美学的熏陶，这让他能穿透图纸看到宏伟的大教堂。至于第一个工匠，他有那么不堪吗？也许他正挣扎在生存线上，快点赚钱填饱肚子，没有什么不好。等他吃好了、穿暖了，他也会开始想更多的意义。

古龙的小说《多情剑客无情剑》里讲述了一对厨子在饭馆打烊后，在后厨给自己炒了盘菜，找了点小酒，很惬意地对饮，舒服了一两个时辰。古龙说，他们还活着，就是因为一天还有那么一两个时辰。我喜欢古龙这种闲笔，好的作家藏不住价值观。

对这些人来说，这就很有意义。

命运把我们丢到不同境地，接受自己拥有的，追寻自己想要的，做好自己能做的，这就是最好的意义。即使这个意义看上去没那么"有意义"也不要紧。

我曾经带几个企业家去乡村小学探访，那里是我们定点捐赠的公益学校。在校长办公室门口，我们看到了款项分配公告：

捐赠款额度：每月 300 元。

发放人：张二狗（编的假名）。

情况说明：家里父亲工伤致残，母亲智力减退，姐姐辍学在家。

和我们一起去的一个企业家"炸"了。她是个有爱心、有良知的人，她质问陪同的校长："你们怎么能够通过暴露孩子的隐私来发钱？你知道这对孩子的心灵会造成多大伤害吗？"

校长面对指责，转过身来，不卑不亢地说："我当然知道这样对孩子的伤害很大。我也是师范大学本科毕业。但你知道不，我们这个班每个孩子的家庭都很苦很苦，很多人一个星期只带着3斤大米来学校，连菜都吃不起。我不这么写，这笔钱就发不到这个孩子手上，这个孩子就连来都来不了了。"

所有人都愣住了，我们都知道，他说得对——在任何话语体系中，饥饿都是更大的真理。这世上也许未来、也许另一个学校会想出更好的方法，但在此时此地，这位校长做的才是真理。

这种价值，是不是比概念上的公益更接地气？

顺带说一句，我做公益很多年，非常反感那种"诈尸表演"型捐赠，即为了社交或者立人设，在朋友圈号召一堆人各自捐点钱，然后找个摄影师开车找个乡村小学，捐钱，拉横幅，拉着孩子们合影，然后在朋友圈发图配上矫揉造作的文字感悟，但从此对捐赠对象不闻不问。他们这是用孩子的尊严完成自己的爱心演出。如果出于对穷困的无知，是蠢；如果明知故犯，是坏。

所以，**我们是不是允许，每个人可以有基于自己水平的生命意义？**或者，**我们至少应该承认这种没那么高大上的目标，也很有意义？**

这些年，总有成功人士苦口婆心地对年轻人说，你们要有宏大理想，不要庸庸碌碌，不要追求热门，要思考为中华崛起而读书……这些道理固然好听，但常常不好用。年轻人听不进去，因为那是这些成功人士现在要追寻的意义。

回到这些成功人士年轻的时候，他们何尝不是为了一个城市里的安稳之所、一个喜欢的人或一份更高的收入而奋斗，才到达今天的高度呢？

反过来说，如果一个人活到了50岁，还在坚持自己十五六岁懵懵懂懂时立下的志向，这些年，他没有格局的提升，没有更高的追求，这样的人生是不是也挺狭隘、挺悲哀的？

立志很重要，但要让一个人20岁、30岁决定自己一生，实际挺荒谬的。生命是一个持续不断的积累过程。人的各种能力、眼界会随着年龄的增长而成熟，他能一扇一扇地推开他面前的门，看到更大的世界。

有一次我和俞敏洪老师一起吃饭，同桌有个小同学很崇拜他，一直盯着他。找到一个机会，他就用《赢在中国》的语言慷慨地问："俞敏洪老师，当年你为什么要放弃北大教职，开办新东方这样的学校？"

老俞放下筷子，有点尴尬地说："嗯，当年我是被开除的。"

这位同学有点失望，歇了一会儿又问："那你办校的第一性原理是什么？"

老俞估计没理解什么叫"第一性"，他说："我老婆嫌我挣钱少，于是我就出来办班了。"

那位同学最后抛出了个大话题："那是什么让你决定上市，用美国人的钱做中国人的教育？"

老俞又说："我就是不知道能上市，于是一个班一个班好好地教，一个学生一个学生好好地服务，结果就自然成了。"

我和老俞一起讲过万人的励志大讲座，也曾喝酒讲过许多胡话，但那一瞬间，是我最欣赏他的时刻。

伟大的梦想是事后总结出来的，当时，你需要的就是一个行动的小意义，比如：

- 用几年时间体验一下一线城市的热门行业，看看世界有多大；
- 有个想赚钱的野心，然后踏踏实实地干；
- 用自己的积蓄养好一只猫，把它安置在自己租下来的、按自己喜好布置的一个向阳的单间，周末时和好友痛快地玩一盘剧本杀……
- 未来的三年里，你要做点什么有意思的事？
- 如果还想不通，那么未来一年呢？一个月呢？一周呢？一天呢？未来一小时呢？

行动起来，走出自己的一小步。

有意思比有意义更重要

"有意思比有意义更重要。"

我想现在也许你更能理解我这句话的意思。

有意义听上去很崇高,还有各种名人故事加持,但其实很多只是事后总结,并不一定适合你。有意思就不一样了,它们来自你的内心感受,让你觉得有意思的事,意义往往也就藏在其中。

如果说,"有意义"来自社会的提倡、榜样的牵引,那么,"有意思,我想试试看"又是怎么来的呢?

"人为什么做他们所做的事?"哲学家、思想家死磕这个问题已经2000多年了。古希腊哲学家苏格拉底、柏拉图说,人的行为是为了享乐。20世纪初,弗洛伊德学说认为,人被驱动,是因为潜意识里有生本能和死本能,也就是说,人的动机来自自己也不懂的本能和潜意识。

到20世纪60年代,亚伯拉罕·马斯洛画出了著名的需求金字塔,说人的动机是要满足自身需求,完成对自己的期待。到80年代,爱德华·L.德西、理查德·瑞安提出了自我决定论,他认为动机主要和人的认知有关，这也是目前心理学最被主流认同的理论（见下表）。

动机心理学发展历史

	第一代 （20世纪初）	第二代 （20世纪60—70年代）	第三代 （20世纪80年代后）
历程	哲学范畴 未独立研究领域	行为主义向认知转变	以目标为核心研究对象，与认知结合更紧密
核心概念	意志本能	期望目标 成就动机	自我决定论
代表人物	弗洛伊德、克拉克·赫尔	马斯洛、戴维·麦克利兰、弗雷德里克·赫茨伯格	爱德华·L.德西、理查德·瑞安、卡罗尔·德韦克、彼得·戈尔维策

资料来源：开智学堂认知与阅读训练营秋季班。

自我决定论认为，人之所以为人，除了满足基本的生理需求，还有独特的心理需求。我们的内在动机里天然蕴藏着三种需求，即自主感、胜任感和归属感。

拿上班来说，什么工作是你愿意主动去做的呢？

自主感会想："我能不能自己掌控工作节奏和内容？"

胜任感会想："这件事我能学得会、搞得定、做得好吗？"

归属感则会在意："我喜欢和这群人工作吗？""我觉得服务这群人有意义吗？"

这三种感受越强，这件事对你就越有意义，你的心就会主动给你摇旗呐喊，这叫作**内部动机**。

不过这个世界上完美符合你心意的工作不好找，大部分工作给你的感受是:"我就是为了挣点钱。"为什么挣钱呢?因为不挣钱就没饭吃、没钱花、不自由、"注孤生"[①]。

这种为了外部原因(如收入刺激、父母夸奖、社会荣耀等)实施的行为,驱动的就是**外部动机**。

"人为什么做他们所做的事?"

我们做大部分事情,都是内外动机的结合。一件事内部动机越多,这个人的表现和创造力就会越好,也越持久、越容易成功。

这就是为什么,你越是把过程本身当成奖励,表现就越好;反过来,越是求结果,越是给自己设定"一定要成功"的框框,越会"死"得惨。你现在明白为什么那些"我要一年读100本书发圈""我要每天6点起床打卡"的动作,往往最后坚持不下来,坚持下来也收获不多——因为你的动机更多的是在炫耀,而不是享受。

心理学家刘轩有一次和我聊天,说起他在美国求学的两次考试经历。

第一次是考SAT(美国高中毕业生学术能力水平考试)。他为了这个考试复习了好几个月,眼睛熬成了熊猫眼,天天还心惊肉跳。在考试前一天,他竟然染上牛痘,根本没办法参加考试。事后想起来,这是严重的心理压力导致的免疫力降低,看似不幸,其实是心病。

第二次经历是他想考当地很好的一所私立学校,也是整天担心得要死。最后他爸爸对他说的一句话帮他化解了这个心病。

---

① 注定孤独一生。

"你去试试看,反正你也考不上。"

刘轩听后一下子就放松了,这个考试变成了一次"试试看",甚至是游戏。

那次考试,他表现不错,被录取了。

刘轩的结论是:状态最重要。

有意思比有意义更重要,说的是内在动机的指针比外在动机更灵敏,更指向成功。所以,为自己制作一个"有意思问题清单",问问清单上的每件事情:有意思吗?

- 在毫无压力的时候,我也愿意这么选吗?
- 如果有代价,我愿意付出这个代价吗?
- 这件事的难度我搞得定吗?我能持续在这件事上做得很好吗?
- 我有足够的资源吗?
- 我喜欢和这个领域的人在一起吗?

当遇到新选择,你不妨试试看这些"有意思"的问题。它们像一个漏斗,帮你把事情筛了一遍,留下的就是最接近"有意思"的事情,也是最好的选择。

有意思,就是你的那把尺子。你经历的"有意思"的事情越多,你就拥有越大的自主权、能力和安全感,你也能慢慢打开更多有意思的事,让生活变得越来越有意思。

至于那些正确而无感的事,可以先放一放。它们要么还不到时候,要么根本不是你的菜,要么根本就没那么正确。

你也许还会担心,如果一直这么有意思,是不是就没法成为一个有大格局的人？不会的，人生好像爬山，你坐在家里打算怎么爬珠峰，怎么能想得明白？你要做的是先爬自己能搞得定的香山；在香山顶上，你也许会遇到人邀请你去爬五台连穿路线；在那里，你有机会遇到专业登山队员，他们会告诉你可以去四姑娘山训练试试看；最后，你也许真的有机会冲击珠峰。

这就是人生的"爬山算法"：全力以赴地爬上你目之所及的一个小山头，你会看到更多的山，看到下一个山头和路。就这样凭着"有意思"一个个地把你关心的事做到极致，你会走到你想象不到的高处。

所以，有意思比有意义更重要。

别想什么大意义，先成为一个有趣的人。

好好"躺平",放自己一条生路

"如果我没有什么觉得有意思的事,我该怎么办?'躺平'可以吗?"

"'躺平'很好,躺舒服了再做事。"

有一次在我的视频号系列对谈栏目"八典一客"中,李松蔚老师给我讲了一个故事。

有个学生来咨询,他一直想找工作,但怎么都迈不出第一步——写简历。

就是一份简历,却怎么都写不出来,要么是觉得措辞不对,要么是写出来自己都觉得没啥亮点,这让他深深地怀疑自己。

李松蔚回应:

"如果你写不出简历,那就别写了。我们就休息一周吧。但你要多做一件事:每天写半个小时,写多写少没关系,写完就把它删掉。这样,就等同于没有写嘛。所以恭喜你哦,你永远都不会有一份简历,也就不需要去面对后边的压力啦。"

这个提议很有意思吧。于是这位同学回去每天写，写完就删，他感觉很有趣。

但这个学生比较狡猾，他每天写得都不一样。一开始写些没压力的个人信息，慢慢地胆儿肥了，越写越多，后来竟然都敢写项目经历了。

而且，他删的时候也不真的删，只是移到了回收站。

一个星期以后，他把回收站的东西全部恢复，拼成了一份完整的简历。

他说："我的简历写好了。"

我喜欢这个故事，这里有咨询师对谈的技术，更重要的，是咨询师对人性的信心。

咨询师深深地知道，没有人会一直"躺平"，追寻价值是人的本能。当你真的放过了自己，允许自己躺三个月、半年，躺到你觉得没有什么好抗争的，躺到你的外在动机松绑，躺到你觉得没意思了，你自然可以左右转转头，找点有意思的事情干。

佛家说，放生能积累功德。放生乌龟能不能积德我不知道，但是我们最应该做的是**放生自己**——放下对自己不切实际的期待，才能看到生机勃勃的全新道路，这就叫放自己一条生路。

有一首歌的歌词说："幸福的方式只有两种，一种是所有梦想都实现，一种是放下了不该有的怨念。"

我也有类似的经历。

不知道你小时候有没有这种阶段，我有段时间觉得自己特别帅（唉，看我现在这个样子……）。

12岁的我每天早上起来照镜子，推敲领子要不要外翻，发型是左分还是右分，上学路上看到汽车反光镜还要上去瞄一眼，对变形的脸抛一个微笑。有段时间，我严肃地认为，自己那么帅，以后搞不好能当明星，我还读什么书啊。天啊，我是不是要给命运一个机会啊！

这种状态一直持续到我有一天逃课溜到录像厅，老板如神启般地连续放了三部电影：周润发的《纵横四海》《赌神》和金城武的《不夜城》。

那天下午我彻底崩溃了，录像散场，人群如鸟兽般散去，我被钉死在那把充满烟味和汗味的人造革椅子上——我深深地意识到，我这个死样子，不管怎么打扮、梳什么发型，都无法帅过周润发和金城武。我的人生彻底绝望，我活着还有什么意义？

不过这种绝望大概只持续了一周。

我发现，当不再纠结穿什么衣服、做什么帅动作的时候，我明显觉得自己轻松了。我开始真正发现、感受和享受那些后来滋养我，并成为我人生支柱的东西——音乐、人文、哲学、旅游和好朋友。

从成为周润发的路上我给自己放了个生，这个故事太羞耻，以至我都不好意思说。一直到很多年后同学聚会时讲出来，结果大家说："咦，我也有这么一段。"

在做别人的路上给自己放生，你才能走上属于自己的路。今天从事职业生涯规划这个领域，也许我也是希望放生更多人的力量吧。

当走入觉得过不去的低谷期，就放自己一条生路，好好"躺平"：

可以锻炼身体，相信好的体魄无论是承受低谷还是迎接高潮，你都需要。出去走走，多遇见些有趣的人和事；不爱动的，也可以好好读些人物传记。想遇见有趣的灵魂，还可以看看我每周三晚上的直播，我每年会介绍 100 个有趣的人给你。工具书之类的，可以先放一边。或者就像一只冬眠的熊一样，好好睡觉，静待未来。

　　躺着躺着，你会看到黑暗里隐隐闪光的点，那是漫长隧道的另一端，然后你向着那里走出一步。哪怕这一步超级超级小——有意思之路也就开始了。

千万别定太大的计划

如果你已经开始决定采取行动做点改变,那容我再絮叨一句。

千万不要一上来就一年读 100 本书、每天跑 5 公里、坚持早起 300 天……一开始把计划定得小点更好。要有多小呢?要有斯蒂芬的计划那么小。

美国有一位叫斯蒂芬·盖斯的哥们儿,他决定改变自己的人生,于是制订了一个计划:运动计划——每天做 1 个俯卧撑;读书计划——每天读 2 页书;写作计划——每天写 50 个字。

你也许会问:这也叫"计划"?

是的,而且,这还是很有效的计划。正是这样一个微不足道的计划,帮助这个"天生的懒虫"在两年后,练习出了理想的体格,写出了比过去多 4 倍的文章,读书量是过去的 10 倍,成为著名的个人成长作家。

斯蒂芬·盖斯说:**"我的经验法则是把我想要的习惯缩小,直到小得不可能失败为止。"**

"微量开始,超额完成",这套策略被他写成一本书,叫作

《微习惯》。这本书内容不多，144 页，少到很难读不完。

斯蒂芬在书里讲过一则猫的故事。

他家的喵星人很怕雪。第一次他把猫直接放到雪地上，小猫怕怕的，迅速地跑回屋里了。

第二次他把猫放在雪地的边缘，这时候，小猫开始好奇、试探，慢慢地自己走到雪地上了。

其实，我们的潜意识也像那只猫。小心，别让自己的"大计划"把它吓跑。

我们大部分的计划失败，恰恰和这个过程相反。我们总是一开始给自己定一个宏伟的、有意义的大计划：每天 6 点起床，每天跑 5 公里，一周读一本书，开始学习英语……

然后咬牙坚持，一直到完全坚持不下去，开始狠狠批评自己。

比如我，我想参加马拉松比赛，于是在网上下了一个跑步计划，开始操练自己。第一天跑 5 公里，我那个喘啊，但是我告诉自己，一定要坚持跑完！

这样咬牙坚持了一个月，我速度没上来，膝盖伤了。这时候才想起来要找个教练。

我的教练听完我的计划，和我说："你的问题就是太用力了，记住——**没人是仅仅靠毅力完成马拉松训练的**。很多人每个月跑 300 公里、500 公里，这些人是坚持吗？他们是跑得超级享受！

"怎么享受呢？那就是要从身体最舒服的状态开始。

"从今天起，我会不断地提醒你，降低速度，保持心率，累了就走一段儿，心率降下来再跑，不着急。跑完你觉得神清气爽，那就是身体在分泌多巴胺，想明天继续玩，你就可以逐渐加大训练量了。"

当年10月,我的第一个马拉松完赛了。

成绩超烂,但,挺有意思的。

再后来,我遇到国内专门做"战拖小组"(战胜拖延小组)的高地清风,他对我说,他对拖延症的看法也在改变,很多人的拖延,其实是一开始的目标就不对,要么是追寻外在动机太强、自己无感的目标,要么是给自己安排了完全不靠谱的强度。

这种目标,战他干吗?拖下去不干,其实最好。

有一次看到有人采访《武林外传》的编剧宁财神,"你是怎么写出这么牛的神剧本的?"宁财神说:"每集我都觉得烂透了,不过不管多烂,每天至少写一页,一直保持到咬牙写完50集。"

计划要定得小一点,小到不能再小,小到你完全自主,小到你毫不费力掌控,小到你不会在任何人面前失败。

当然,比小更重要的是做,有时会做很久,久到老天愿意奖励你点儿什么。

该羡慕这一代年轻人吗？

2020年有一本叫《我的二本学生》的非虚构文学书非常畅销，作者是黄灯老师。

她是湖南汨罗人，1995年在岳阳大学毕业，被分配到国营纺织厂。两年后，工厂倒闭，她成了下岗女工。重新复习，她考上了武汉大学的文学系研究生，在中山大学读文学博士，在广东金融学院当老师。

她所接触到的学生，大多数来自广东各地，还有一些来自贫困地区。她发现，从2007年到2016年这10年里，学生们的境遇有明显的落差。2016届的学生，没有多少人能留在广州、深圳这些大城市，他们的毕业工资根本赚不回高昂的房价，他们也不再有什么大理想，一进入学校就为房租和找工作发愁……

10年间，学生们的命运有这么大变化，而如果和自己相比，那落差就更明显了。她因为出生在20世纪70年代中期，仅仅早生了10年，就躲开了"留守儿童"的命运；她毕业包分配，还赶上了国产博士能留校任教的窗口和合理的房价，在一线城市也能安身立命……

她提出一个触动社会神经的问题：老一代人应该羡慕年轻人，因为他们拥有更大的世界，但我不羡慕今天的年轻人。

我喜欢黄灯老师的视角，也对这个话题着迷。前面谈到遇到低谷要给自己放生，更多的是针对自己的人生阶段；但放到整个社会来说，这一代年轻人的起点会不会真的太高？

这一代人从"过劳死""996"到逃离北上广，再到"躺平"，到底是时代的问题，还是我们真的比较软弱？为什么上一代人总在骂下一代人"垮掉"，下一代人则反驳道："那是因为我们这个时代太惨了，什么倒霉事都让我们赶上了，你们什么好事都赶上了，占尽便宜还卖乖。"

我给这个画面脑补了一集吐槽大会，还写好了段子：

大家好，我是古典！（脑补掌声）

欢迎来到今天的年代专场——60、70、80、90、00后比惨大会！

掌声噼里啪啦地响起来。

首先上场的，是90后选手：

22岁那一年，我终于毕业啦。我要努力，我要奋斗。我爸说，你看看现在的房价，你奋斗个啥？别逗了孩子，房子车子都给你买好了，开不开心，意不意外？

折腾三年，孩子能上幼儿园了。我爸说，恭喜你！你现在可以生两个娃啦！

又过了7年，我刚把二娃送进幼儿园中班门口，我爸告诉我，恭喜你，你们现在可以生老三了！开不开心，意不意外？

将来65岁才退休，如果那个时候还没挂，你还可以拉扯你那9个孙子孙女啊，开不开心，意不意外？

90后口吐鲜血，像电风扇一样左右均匀地摇着头——谁有我惨？

80后选手一脸不屑，第二个上台发言：

刚才90后说他人生悲惨，比人生悲惨更惨的，是比别人惨。

我们上小学时，大学不要钱；我们上大学时，小学又不要钱了。

我们没上大学的时候，大学生超级金贵；我们读完大学，大学生满地跑，不值钱了。

我们没参加工作的时候，工作都包分配；等我们参加工作了，打破脑袋才能混个岗位。

我们还没上班的时候，房子是包分配的，不花钱；等我们开始赚钱的时候，房子只能买了；等我们赚了点钱，我们啥都买不起了。

你们觉得自己要累死，我们是不敢死、不敢结婚、不敢生、不敢不生，生还不敢多生，谁比我惨？

……

好了，再写估计编辑会剥夺我的出版权了。我的脱口秀不好笑，充满烂梗。

但我想借此回应一下之前的那个疑问：为什么上一代人总在骂下一代人"垮掉"，下一代人则回击这是时代问题，上一代人才是既得利益者？60后说70后垮掉，70后说80后自私，80后说90后脑残，90后看着00后对80后说，你看你们的娃这么残，还好意思说我脑残？

哪一代最惨？

我小时候有本书叫作《哈佛女孩刘亦婷》，我妈买回来仔细阅读，还经常以刘亦婷为标杆指出我的不足："你看人家刘亦婷在你这个年纪都会背1万个英语单词了。"我说："妈，人家刘亦婷妈妈在你这个年纪，都出书了。"

每个人都知道，这种争论毫无意义。我虽向往大唐盛世，但撞破了脑袋也无法穿越，因为每个时代都有自己的好和坏，就像《双城记》的开头：

> 那是最好的年月，那是最坏的年月；
> 那是智慧的时代，那是愚蠢的时代；
> 那是信仰的新纪元，那是怀疑的纪元；
> 那是光明的季节，那是黑暗的季节；
> 那是希望的春天，那是失望的冬天……

如果你盯着糟糕，这个时代就会前所未有的糟糕；但如果你盯着机会，那么这个时代也会有前所未有的机会。今天这个时代，就看你怎么玩儿。

不同的时代，有不同的玩法

"神庙逃亡"

50后、60后，面对的是多年的社会动荡、自然灾害，他们的大部分时间面对的都是饥饿、运动、市场化、下岗、毕业分配……在大时代里，他们没啥选择，活着就是赢。

拿游戏打比方，他们玩的是"神庙逃亡"——路在他们身后不断坍塌，他们要不断奔跑，才不会掉落谷底。

这种游戏的幸存玩家，他们培养出勤奋、坚毅和节俭的品格，也培养出内心里"必须按点完成任务"的强迫症。这群选手会不断地催你跑步完成以下任务：升学、高考、结婚、买房、生娃、娃上学、高考、买房、生娃……总之，一定要按部就班地走到终点，好好走到人生终点，那就对了！

"跑跑卡丁车"

70后、80后玩的是"**跑跑卡丁车**"——走得慢虽然不会死，但走得最快的人得分最高。

这两代人面对的是"市场化"的社会。单位不再什么都管，少了稳定感，却也多了机会。80后是第一代独生子女，物质不缺，但精神孤单。在他们最能拼搏的青年时期，中国社会以每年超过12%的增速爆发（当然，同时爆发的还有房子的价格）。大机会每隔几年就有一波，抓好一个就能上船……同龄人第一批下海的、搞房地产的、买房的、进互联网的、买股票的，都发展得很好。

如果这两个年代的胜出者和你分享经验，他们肯定会推崇这种打法：有野心、抓住机会、快速反应。与此同时，"抓住机会上车"的危机感深深刻在他们的骨子里。这种精神在自己身上，是消费主义、终身学习或成功学；带到下一代，是"鸡娃"、学区房和虎爸虎妈。

"我的世界"

那90后、00后玩的是什么呢？他们开始玩虚拟游戏"**我的世界**"（这是一款在自己星球上的虚拟建造类游戏）。没有了那些生生死死的凶险，也没有快快慢慢的比较，你死不了，而且资源无限，唯一要比的就是创意和想象力。

00后活在一个手机可以触碰到全球资源和商品的时代。父母把房子买好了，养老金也多多少少存了一些，自己手头还有点小钱（据统计，00后在18岁前的存款均值是2570元）。今天的科技发达，人类甚至有机会活到100岁，但这个时代再难有过去的经济增速、爆发式的机会，人们也没那么大物欲……

这代人聪明、敏感、好奇，有着前几代人前所未有的眼界和想象力，但他们也面临自己的难题——赚钱养家，跑得更快，都是很清晰的需求。但"更有创意，活出自己"似乎是一个没有抓手的难题。美学家贡布里希曾说，没有比完全不受约束的自由更加难以忍受的东西了。

新精英生涯在2014年承办了当年的亚太区生涯大会，请来了日本生涯发展协会（JCDA）的创始人。她听到我们的议题都是"如何抓住机会""怎么判断趋势"，非常羡慕，她说他们协会讨论的主要方向是如何让日本年轻人爱上工作。

我们当时还有点惊讶，觉得有点好笑，心想日本同学怎么这么颓呢？

她说，今天的日本年轻人是一种塑料袋生涯，有风就飞一段，没风就在地上待着。你踢他一脚，他就哗啦一声动一下；你不踢他，他就虚无地躺在地上。

不到10年，我们就开始遇到了这个时代。

前段时间看李雪琴在说自己的人生规划，居然也用到了塑料袋：

> 人生就像攒塑料袋，不管什么外卖袋、买菜袋、买衣服袋，我都攒起来。当有一天，有个东西你不知道用什么装的时候，打开你攒塑料袋的柜子，总有一个袋适合你。

创作游戏玩不好，就很容易搞成塑料袋生涯。

那么哪一代人最容易？看下来，哪一代人都不容易。

"神庙逃亡"很苦，但技巧性不强，拼努力、毅力会赢；"跑跑卡丁车"很累，且焦虑虐心，但拼资源（比如爸）会赢；"我的世界"直面虚无，直面意义，看似没限制，其实最难，那是佛陀出家之前在皇宫里感受到的痛苦，可我们大多数人哪里有那种大智慧？

这也回应了前面的疑问，**为什么这几十年来，每一代人都质疑下一代"垮掉""脑残"。**

因为时代在快速变化，中国社会整体快速突破了一个又一个层级的问题，把每一代人都裹挟进了不同意义的追寻里。50后、60后要解决生存问题，按部就班走到终点是意义；70后、80后要解决竞争问题，抓机会跑赢大盘是意义；90后、00后面临创造问题，活出自己才是意义。

你看，现在50后、60后退休了，还长寿了，他们也面临着活出自己的意义。他们开始如自己的孙辈一样，跳舞、社交、刷抖音、旅游、玩乐……他们当年的自己如果看到今天的自己，也许会摇着头说："这群老头儿老太太，垮掉了。"

其实不是不行，就是不同而已。

关于价值观的争吵，本质是个代际冲突问题。

老一辈人觉得这点知识、人生态度可重要了，一定要学，所以编入课本；年轻人觉得为什么学这些啊，如果让他们自己设计，他们肯定读"王者荣耀"研究生。

他们的争论，其实是对一个问题谈不拢，即在未来的世界里，学点什么最有用，该怎么玩才能赢。

未来的世界里，该怎么玩好创造类游戏？

熬得久、跑得快这种玩法，在创造性时代是赢不了的。

创造类游戏的唯一玩法，是回来做自己。

请注意，我说的不是"去做自己"。没有见到更大的世界，没有见过不同的别人，怎么知道什么才是自己？你得看过了世界，才有世界观；你得看到了全部，才能安心守住局部；你得看到了自己的优势和局限，才能**回来做自己**。

找到热爱的领域，做极限运动员

我的朋友都知道，我喜欢冒险，尤其喜欢骑越野摩托车。我喜欢一个人面对茫茫天地的感觉。

2021年5月，我从青海雅丹穿越回来，认识了旦旦。旦旦是青海最棒的越野车手。这次他是我们的领骑人，那天的目的地是他的家。

旦旦的技术非常好，我们骑了4个小时的路，他实际1个小时就能跑完。山上很冷，我们都穿着冲锋衣加护甲，他则一身单衣。遇到转弯，旦旦不怎么减速，后轮似乎有魔力，总在悬崖边稳稳地滑过去。

到了他海拔4000多米的家，我们都被这个"家"的简朴震撼了。这个家就是一个不到10平方米的帐篷，走进去，里面只有一个煤炉、几卷睡觉的被褥和几箱压缩食品。走出帐篷，山上是300头羊和几十头牛。帐篷旁边停着他的摩托车。他没有什么家人，不想着结婚，也没有什么其他爱好，就是骑车。

教练跟我说，顶级运动员都是这样——**从小就练，心思单纯，对冒险发狂。**

我观察下来，的确是。

比如遇到一个大坡，我会犹豫一下，心里开始盘算：会不会太陡？有没有更好的路线？我们有5天赛段，第2天冲这个坡值不值得？要不要留点儿体力？会不会摔车？脑子里一犹豫，就错过了最好的时刻，反而容易摔车。

我发现顶级车手从来不这么想，他看到坡就兴奋：太有意思了，上！

于是也就上去了。

认识旦旦让我明白两件事：在越野摩托车这个领域，我最多也就算个中流水平。因为我还在计算性价比，还没有把自己完全赌上。我不是这个领域的极限运动员。

这种心力，作为爱好可以，登顶是不可能的。

从越野摩托车上学到的第二件事是，其实我们永远赢不了一个极限运动员。

我们职业规划师经常说，行业之间有"可迁移技能"，所以跨行不难。如果你要跨过去做到优秀，这个结论是对的；但如果你要通过跨行成为顶级高手，那不可能，因为每个领域的顶级高手都是极限运动员。

极限运动员有什么特点呢？他们对自己的领域极为狂热。比如你和他们聊，翼装飞行是全世界最危险的极限运动，10个里面有3个会挂掉。普通人都觉得——这是疯子吧！找死！好的极限运动员则是一脸羡慕——这也太爽了，接近生命极限啊。

在纪录片《徒手攀岩》里，主人公亚利克斯·霍诺尔德成功地徒手爬完酋长岩下来，这是人类第一次挑战成功酋长岩！他的女朋友在下面等了一天，热烈拥抱他并且说："我们庆祝下吧！办个 party（聚会）！"他羞涩地说："不要了，我要练习。"于是手抓着房车的门，开始练习起手指引体向上——他已经开始构思下一个冒险活动了。

极限运动员，就是这么狂热。你和他的差距，不是能力，而是价值观。

这个时代的玩法，就是找到热爱的领域，成为极限运动员。

喜欢艰苦奋斗的人，显然不这么看。

过去 10 年，很流行一个"一万小时天才"理论：任何人在一个领域刻意练习一万小时，都能成为这个领域的专家。这个理论成名自马尔科姆·格拉德威尔的《异类》，理论则源于 1993 年安德斯·埃里克森、克兰佩、特施－勒默尔的一项心理学研究。

他们针对 10 名音乐学院的小提琴学生，研究他们练习时长和水平的关系，最后得出结论：练习时间越长的学生，小提琴技能水平也就越高。后续他们针对国际象棋高手、运动员的研究也显示，平均一万小时的刻意练习，是成为世界级选手的门槛。

这个理论叫"刻意练习"，后来又被标题党改成"一万小时天才"理论。该理论认为正确地努力就能成功，这也太符合大众口味了吧。这篇论文因引用频繁，也成为心理学领域的网红文。

26 年后的 2019 年，心理学家布鲁克·N. 麦克纳马拉（Brooke N. Macnamara）和梅加·迈特拉（Megha Maitra）重复了 1993 年的

这项心理学研究，结果却完全出乎意料：

这次他们找了13个小提琴选手进行实验，结果发现：水平比较差的选手，练习时间的确比较少，平均是6000小时；但水平一般的和水平优秀的选手，练习时间几乎没区别，都达到了11000小时。更气人的是，优秀选手的练习时间还比水平一般的选手少一点。

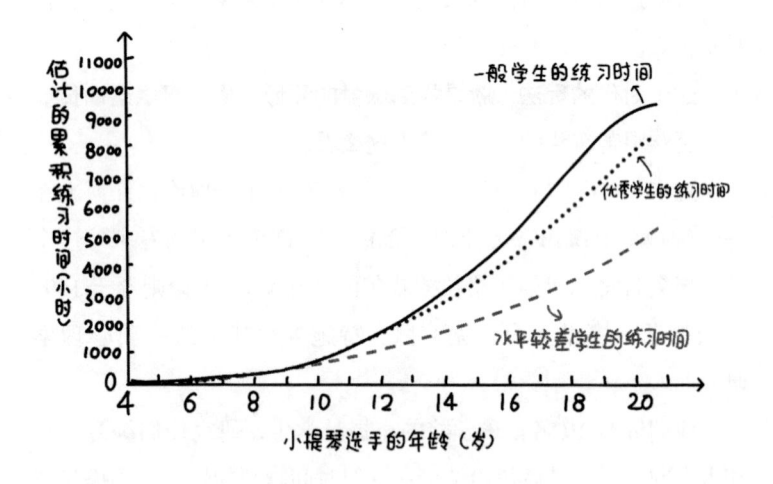

2016年，布鲁克（对，还是他，这哥们儿和"一万小时"干上了）还分析了33项有关刻意练习和运动成绩之间的关系，他发现，刻意练习对运动员成绩的影响只有18%。

可见，到了某个阶段，光靠努力就上不去了。吃苦能熬出来优秀，但熬不出来卓越。

这是不是挺符合我们日常感知的：学霸是用功学习的人，但往往不是学习时间最长、错题本最多的人。

那还有什么决定了技能水平呢？

基因是很重要的部分。有一项针对15000对双胞胎的研究显示,同卵双胞胎一个人画画好,另一个人擅长画画的概率就很高;同一对同卵双胞胎里,即使一个人练习很多,也不会比另一个人出色太多。

讲到这里,我们的成功公式就变成了:

卓越 = 天赋 × 刻意练习 × 时间

不过,能力卓越就一定能成功吗?

任何一个领域的成功,都可以概括成"实力"和"运气"的结合。在"反馈清晰,主要靠实力"的领域,比如短跑,几乎100%靠实力,能力和成功高度相关。但如果这个领域"反馈模糊,要靠运气",技能和成功就关系不大。我们经常说的商业、创业、投资以及篮球、足球这种复杂场景,运气就超级重要。

说句气人的话,在很多领域,撞大运可能比刻意练习更重要。

那又怎么提高撞大运的概率呢?我们看看商业界的极限运动员——"九败一胜"的王兴。

这个时代的通关法则

年龄相仿的创业者里,我很欣赏美团创始人王兴。他现在的成功,我们先不说,回到他创业的原点,和大家讲个好玩儿的事。

王兴清华大学毕业后去美国读博。2003年,看到互联网社交在美国如火如荼,王兴决定中断学业,回国创业。

他拉了两个人:一个是他的清华同窗王慧文——当年睡在他下铺的兄弟。当时王慧文在国内读研,王兴极力劝他一起退学。王慧文忍不住问:"你会编程吗?"王兴说:"咱们可以学啊。"

于是,两位"勇士"就各自退学,热火朝天地捧着编程书,边学边开始写程序。

王兴找到的第二个人是赖斌强,王兴的高中同学。

赖斌强当时在广州做软件工程师。收到王兴的邮件,过完春节他便辞掉工作,去北京加入了王兴和王慧文的团队。

见面第一句,赖斌强问:"产品怎么样了?"

得到的回答是：还没有呢，我们还在学编程。

"你会编程吗？""咱们可以学啊。"

"产品怎么样了？""还没有呢，我们还在学编程。"

这个人太好玩儿，也太胆大了。

后来的故事，大家也知道了，王兴的创业历程被人总结为"九败一胜"。校内网、饭否网、海内网……一个个项目开风气之先，又由于各种原因不得不卖掉或关闭。直到创立美团，从"千团大战"中脱颖而出，王兴才终于在互联网江湖占据了一席之地。

谁能想到这是一个连编程都不会的人开始做的事？

怕什么？可以学！

王兴是不是也是商业创业领域的极限爱好者？心思单纯，全情投入，别人眼中的风险，他根本就没有在意。

有一次我和追光动画的投资人 Figo 聊起他的投资经。追光动画一直在投资国产动画，《白蛇》《罗小黑战记》《哪吒》《姜子牙》背后都有他们的参与。

Figo 非常赞同"每个高手都是极限运动员"的观点。他说投资人要找的就是趋势之上的极限运动员，然后支持他们做。不管成不成功，他们都是成功率最高的人——如果他们都不成，就没人能成了。

讲到这里，极限运动员最容易撞大运，似乎也有了答案。

极限运动员成功率最大，因为他们总在长期地、不计成本地尝试。爱迪生不是第一个发明电灯概念的人，他就是个发明狂，300 多种材料一样一样地试；王兴也不是一下子就找到了美团模式,他就是忍不住一次又一次地创业,"九败一胜"地尝试。不断尝试的人,撞大运的概率会更高。

我们综合前面的公式,可以得到一个结论:

成功 = 卓越 × 概率

卓越 = 天赋 × 刻意练习 × 时间

概率 = 正确的方式 × 热情 × 时间

如果我们把刻意练习、正确定位、长期投入等都作为"正确的方式",那么:

成功 = 正确的方式 × 热情 × 天赋 × 时间

稻盛和夫曾给出过一个类似的公式:

成功 = 思维方式 × 热情 × 能力

稻盛和夫说,思维方式决定了努力的方向,有了正确的方向,那就不断以最高的热情投入,不断打磨自己的能力,一定能成功。稻盛和夫的文字,第一次读都觉得是浓浓的"鸡汤",第二次读是"鸡精",你再认真读,其实他是下金蛋的那只"老母鸡"。

我们经常说"天道酬勤",这四个字在起步阶段是对的。比如,你英语四六级考试没考过,上班基本业务流程都搞不明白,这基本上属于不用心,刻意练习100个小时基本都能搞定。但如果你准备成为高手,勤奋发狠就不一定能成了,你还得靠一点天赋,再碰一点运气。

成功游戏就是一个没法算性价比、可能很努力也无法实现的事。如果你看透了这个游戏，还愿意持续狂热地投入，恭喜你，你将有机会成功。

高手相争，比的都是价值观。

死在打字机上的阿西莫夫

关于努力、热情、能力和成功的关系,我想我已经讲得足够多了。

最后还要讲一下艾萨克·阿西莫夫,纯粹是因为我热爱他,我想告诉你的是人可以有多热爱、多狂热。

科幻小说家阿西莫夫这辈子写了480多本书。他在一篇短文《死后的人生》中谈到了自己的生死观。现节选部分文字:

几个月之前,我做了一个梦,我记得清清楚楚。(我一般不记得我的梦境。)

我梦见我死了以后去到天堂。我环顾四周,知道我身在哪儿——绿色的田野,轻淡的云彩,芬芳的空气,还有那遥远的、隐隐约约的天堂里的合唱声。那位记录天使宽厚地微笑着和我打招呼。

我奇怪地问:"这是天堂?"

记录天使说:"正是。"

我说:"肯定搞错了,我不属于这儿,我是无神论者。"

（我醒来后，记得很清楚，我为自己的始终如一感到自豪。）

记录天使说："没有错。"

"我是无神论者，有这个资格吗？"

记录天使说："我们决定谁有资格，不是你。"

我说："明白了。"我朝四周看了看，迟疑片刻，然后转向记录天使，问道："这儿有没有打字机，我可以用吗？"

这个梦的意义对我很清楚。我感到天堂就是写作，我在天堂里度过了半个多世纪。我一直很清楚这一点。

阿西莫夫是写作的极限运动员。

他"一直梦想着自己能在工作中死去，脸埋在键盘上，鼻子夹在打字键中"。

这种热爱不仅仅塑造了一个伟大的科普作家，也深深地影响着整个科学事业。

美国著名天文学家、科普作家卡尔·萨根在悼念阿西莫夫时说："我们永远也无法知晓，究竟有多少第一线的科学家由于读了阿西莫夫的某一本书、某一篇文章，或某一个小故事而触发了灵感；也无法知晓有多少普通的公民因为同样的原因而对科学事业寄予深情……"

其实，我本人就是其中一个。

这个时代的成功方式，正在从天道酬勤走向天道酬"情"。在一个机器比你勤快一万倍的时代里，从"有意思"的事开始，逐渐找到自己的天赋和热情，投入全部，是这个时代的成功方式。旦旦、王兴、阿西莫夫都是各自所热爱领域的极限运动员，他们都有一些共同特点：

- 他们有天赋，也花了大量时间正确练习；
- 他们在某个点上，做到世界级的好（好吧，其他部分往往很烂）；
- 他们为这件事投入了一切，他们无视性价比，持续挑战极限，创造可能。

就好像你问一个登山者：你为什么要爬山？他会说，因为山就在那里。

别人笑我太疯癫，我笑他人看不穿。做自己热爱的并对此有天赋、有意义的事，把这件事做到极致。一般人觉得这样太冒险，其实这些人觉得自己最安全，因为极限运动员总有两份回报：一份在过程里，他们已经足够享受；另一份在成功后，成不成功也只是副产品罢了。

他们都曾有过恐惧（甚至现在还有），但因为实在太热爱，以至战胜了恐惧。正是这种内心的胜利，让他们对世界的影响力远远超出了自己的领域。

找到自己的极限运动，全力投入，这就是这个时代的通关法则。

2
让有趣的生命扑面而来

是生活无聊还是你无趣？

你有没有发现，在职场和生活中有这么一些人（我称为"没兴趣一族"），他们好像从来都没有什么特别的爱好，也没有什么特长。他们干什么都一般般，工作没有太多激情，干了四五年，做的事情和以前也差不多。你问他为什么会这样，他会告诉你：工作不就这样嘛，还能怎样？

姜文年轻时主演过一部影片《本命年》。里边有一句台词："工作没劲，不工作也没劲；找对象没劲，不找对象也没劲；要钱没劲，不要钱也没劲。都没劲。"这句台词像极了"没兴趣一族"的状态。

另一些人（我姑且把他们叫作"感兴趣一族"）却好像对什么都很感兴趣。他们每天都像一次新生，兴致勃勃，充满好奇。在生活里，他们也是样样精通：摄影、写作、跳舞、音乐、运动……这些人似乎是上天的宠儿，又像是从偶像剧里走出来的主人公，优秀得让人仰望。我们常常听人对"感兴趣一族"说："你太牛了！你怎么什么都会？"

上天为什么这么不公平，让一些人拥有用不完的精力和好奇心，什么都优秀，而我却对什么都不感兴趣，什么都做不好？也许下面这个故事会带你找到答案。

周日去郊外旅游，你走到一个没有路牌的三岔路口。只有一条路能够到达你想去的峡谷，另外两条路则通往不知名的地方。现在是中午，时间还算充裕，你的食物和水也足够，你会怎么走？

小明和小强在不同的时间到达路口，他们都碰到了这个问题。

小强选择试着往前走。他想，即使走错路，也比原地不动强。他快步向前走去。一个小时后，他不得不重新回到起点。但是小强很开心，他兴致勃勃地告诉朋友们他在路上看到的美丽风景，也许下次他们可以往那边走。说完这一切，小强又开始尝试第二条路。他一路唱着歌，蹦蹦跳跳地走下去。

小明呢？他认为，有2/3的概率也不一定有收获。如果没有确定的答案，还不如就在原地待着呢！也许会有认路的人经过，告诉我确切的答案呢！小明就这样等啊等，直到时间很晚了，他觉得自己不能不走了。可是万一走错了路该怎么办？他慢吞吞地往前走，一直想着迷路的种种状况……终于，在三个小时后，他看到路的尽头被一条河流拦住。

"天啊，我早就应该想到的！没有搞清楚哪一条是正确的路就不要来！"小明很沮丧地一屁股坐在河边，连回去的勇气都没有了……

小强和小明在一个月后的一次聚会上碰到，小强在给现场的朋友讲他的一段"最奇妙的旅行经历"，小明听出来，小强讲的就是他去过的那条河。"你瞎扯，那是一条错路，而且一点也不好玩,除了一条大河挡住路,什么也没有,没意思。"小明说。

"不会吧?"小强说,"你没有看到河中间那些白鹭和莲花吗?那是我犯过的最美丽的错误。"

小明耸耸肩:"你这么一说……好像有吧,不过我对这个没有什么兴趣。"

这个故事里面的人,哪一个像你?

我们身边既有"没兴趣一族"小明,也有"感兴趣一族"小强。小强们总是兴致勃勃地投入一个又一个冒险,他们经历丰富,收获很多,当然失败也很多。小明们则是对什么都提不起兴趣,只有到了不得不行动的时候,他们才被迫抱怨着入场。他们失败很少,也尝试得很少,因为他们觉得尝试没有什么意思。

有趣是无条件的投入

"有趣"之人和"无趣"之人的区别到底在哪里?

我们先看看什么是"兴趣"。兴趣(interesting)的英语源于拉丁语词根 inter,意为"在……之间",后面再加上代表最高级的"est"和代表当下的"ing"。这仿佛在告诉我们,兴趣就是以最高级(est)的形式投入当下(ing)的事情中(inter)。

也就是说,兴趣就是让你完全置身于事物之中。当你真正投入当下的事情中,不管这件事情多么简单、多么微小,你都能感受到无穷的乐趣。正如瑜伽教练告诉你的,只要认真地投入你的呼吸——这个每天你做过无数次的事情——就能感受到无尽的乐趣。

佛家的禅宗也有关于投入的故事:

　　有源律师:"和尚修道,还用功否?"
　　大珠慧海:"用功。"
　　有源律师:"如何用功?"
　　大珠慧海:"饥来吃饭困来眠。"

  有源律师:"一切人总如同师用功否?"
  大珠慧海:"不同。"
  有源律师:"何故不同?"
  大珠慧海:"他吃饭时不肯吃饭,百种需索;睡时不肯睡,千般计较,所以不同也。"

  吃饭的时候吃饭,喝水的时候喝水,那就是修行。可惜大部分人不是这样:在吃饭的时候想着工作,在喝水的时候又想着吃饭,在工作的时候想着出错,在恋爱的时候担心分手,在拥抱的时候还在看表……

  所以,我们还是凡人。

  在做职业生涯规划这几年,我见过非常多的人,其中很多人的问题在于,"不知道自己有什么兴趣""好像对什么都有兴趣"。但如果你问他们:"听说你很喜欢市场,为什么不试试呢?"他们就会回答:"万一失败了该怎么办?"

  你知道他们的问题在哪里了吧,这些人都是不敢投入的"无兴趣一族"。他们好像从来没有想过投入当下。也就是说,他们从来没有感到过乐趣,他们总在思考:"读这本书有什么用处?""万一做不好怎么办?"……这让他们无法从任何东西中获得乐趣,自然也就无法产生兴趣。担忧之墙永远把他们和乐趣隔离开来。他们就好像那种糟糕的读者,刚打开小说的第一页,就忍不住翻到最后去看结局,从而完全失去了阅读的快乐。

  所以,认识到当下的投入才能带来快乐很重要。下面是我的一段经历:

  在一次吃饭的时候,一个朋友表演了一个橡皮筋近景魔术（就是刘谦在 2009 年央视春晚上表演的那个魔术）。我们觉得相当有趣，当场开始学习。一开始，我是最笨手笨脚的一个，不是穿帮，就是把橡皮筋弹到隔壁桌的碗里。大家一看我表演就说："你表演的不是魔术，是魔术揭秘吧。"还有人说："你以为你是刘谦啊！"

但我还是觉得有趣。在回家的路上，我还用手比画这个魔术。后来，我又在网上找到刘谦的所有魔术视频，一帧一帧地看他如何换手指，如何误导观众，如何做动作。一有表演的机会，我就主动给身边的人展示。当然，有时候是"魔术表演"，有时候还是"魔术揭秘表演"。一个星期后，我成功地表演了这个魔术。即使面对当天和我一起学习魔术的那几个人，他们明明知道我在换手，也看不出我是怎么做到的。

我有什么收获呢？我可以在课堂上变魔术让大家开心，也可以在家里哄哄我妻子。更加重要的是，我多了一种让自己快乐生活的方式。我觉得我在魔术方面也很有天赋，这让我自信满满。

乐趣源于全情投入，而不是投入后的结果。正是因为这样，乐趣可以是无条件的。

一个婴儿在玩的时候咯咯笑，并不是因为这个游戏会让他获得什么；我们在演奏乐器的时候开心，也不只是为了拿个钢琴十级证书；我们在听笑话时哈哈大笑，并不是因为我们要记住它，以备吃饭时给别人炫耀；我们在看小说的时候觉得心向往之，并不是因为这本小说书封上写着"本书能减压"。

快乐就是快乐，投入的快乐是无条件的。

现在我们对投入有了下面的理解：

- 尝试有可能成功，有可能失败；
- 成功的尝试能收获到成果；
- 不成功的尝试能收获到智慧；
- 不管成不成功，投入都能带来快乐。

既然这样，为什么不停止你内心对后果的担忧，全身心投入呢？

在职业生涯课程上，我们一个学员分享了她在新东方少儿师资班中的一段经历：

> 在少儿师资班学英语的4个月里，给我印象最深的是同学 Maggie（玛吉）。我们大多数人都是刚毕业几年，想学完课程，赶紧找份工作，养活自己。而 Maggie 不一样，你从她的吃穿用度就能看得出来，她家境优渥，不用上班，因为孩子上学了，她闲得无聊，才报了这个班，算是给自己找点事做。我们把她划为另一类人。

我慢慢地观察到,虽然没有就业压力,但Maggie从来不迟到旷课,笔记也做得工整详细;甚至缺课的同学会借她的笔记来抄。每次上课老师传授的技巧,Maggie总是特别认真,一直都是最忠诚的实践者。

一个月后学校举行美文背诵大赛,需要背诵大量指定的文章,很多人都觉得"既然拿不到奖就没有必要参加了"。除了成绩最好的一位同学,没有人对这个大赛真正感兴趣。让人吃惊的是,Maggie报名了。不过,我们一致认为,她的英语水平是必死状态。但她仍然准备得很认真:请外教帮忙纠正发音;每背下来一段就向大家展示;得到同学的鼓励后,她背得更带劲了。

后来,Maggie居然赢得了评委的认可,和另外两个班里英语最好的同学一起进入第二轮比赛。而那两位同学,一位是在国外留过学的,讨厌死记硬背,没有再准备10篇指定的文章;而另一位同学是以刻苦认真出名的,他不仅背下了10篇指定文章,还提前准备了第三轮的20篇文章。Maggie和他们不一样,她还是抱着一半欣赏一半学习的心态,她说她读英文越多就越觉得英语好美,背不下来没关系,那种感觉让她觉得很美。

到了比赛那天,Maggie只背下来4篇半文章,但她还是很高兴地参加了比赛。当她没有抽中自己准备的文章时,她跟老师说:"很抱歉,我没有背过这篇文章,但是我特别喜欢另一篇文章,我可以背给你们听吗?"老师同意了。当她饱含深情地背诵时,她那陶醉得仿佛没有其他人存在的状态,简直美极了。

当时我就站在旁边，一直看完整场比赛，我不禁问自己，如果我不是花时间去评价和围观别人，是不是我也能够做到？我开始明白为什么有些人总是那么优秀。

难怪有些人总会充满快乐和激情，全情投入，他们在成功的时候收获到成果，在失败的时候收获到智慧，而不管什么时候，他们都能收获到过程中的快乐！

他们都有这样一个心智模式：

冒险？——投入！

投入是热爱生命的钥匙。什么是快乐？快乐就是做事情既快，又乐！

我的本职工作是职业生涯规划师，同时也在带领团队创业，是新精英生涯的创始人。所以，为公司找到合适的人，也是我的日常工作之一。我在招聘的时候有一个秘诀，我会尝试挑战他们——"如果工资低一些，你愿不愿意来？"

我会选择那些能力不算最好，但不反对从底薪起步，关心项目目标和自己发展的人，而不是那些履历光鲜、不关心公司做什么、不愿降低预期的人。别误会，我不是要做"黑心资本家"。如果证明自己是匹好马，我恨不得让好马吃哈根达斯草冰激凌。

这其实是一个测试。

当一个人为了工作本身，而不是工作回报来做事的时候，他往往能够把工作做到最好。不看钱工作的人，往往觉得能做这份工作本身就是最大的报酬。他踏实、负责，愿意为工作付出时间、精力，能力提升也会很快。这样的人，总是能走得更远、走得更好，也一定会得到最多的回报。

说到底，真正激励一个人工作的到底是什么呢？心理学家弗雷德里克·赫茨伯格的"双因素理论"很好地解答了这个问题。他认为，薪资、工作环境、同事关系只是兜底的"基础因素"，只能让你不讨厌这份工作，而真正激励一个人的是挑战、认可、责任感以及个人成长等"动力因素"。动力因素很少与外在刺激有关,更多的是与你的内心有关——那些"动力因素"让人找到工作的意义。

我为公司寻找的,就是这种愿意投入、有内在动力的人。

无趣之人，是无胆之人

我们接着说"无趣"之人。他们的心智模式如下图所示：

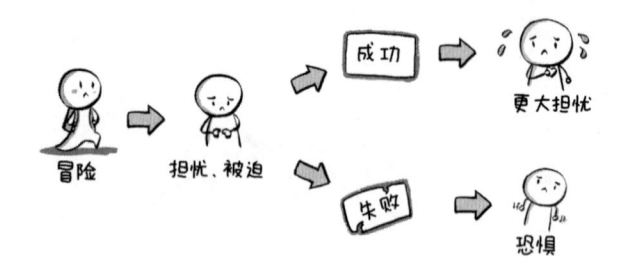

难怪那些吊儿郎当的人永远找不到真正的兴趣！因为害怕努力了也没有收获，所以他们根本就不投入！不投入和低投入的人没有乐趣，也很难获得成功。他们不愿意面对这个事实，于是就对自己说："我没有什么兴趣。"因为这总比对自己说"我的能力很糟糕"要好。

慢慢地这个模式会简化成为：

新事物？——我不感兴趣！

当一个人对自己的生命开始用"不感兴趣"来搪塞时，生命也开始对他不感兴趣了。这就是有趣之人心灵和物质都收获颇多，而无趣之人心灵和物质都贫乏的原因。

当一个人面对新事物觉得无力投入，或者害怕投入了也做不好时，他们就会表现出对新事物的漠不关心。

- 忙碌的丈夫对家务表现出"不感兴趣"，往往是由于没有留出投入的时间，或者是因为知道再怎么做也会被妻子数落；
- 你的母亲对如何用计算机"不感兴趣"，也许是因为她觉得自己用不好，或者是因为你让她觉得自己太笨了；
- 老人对任何事情都"不感兴趣"，或许是因为他们觉得自己能力不足，或者是因为他们觉得怎么做都没有年轻人做得好；
- 孩子对学习"不感兴趣"，往往是由于自己觉得没有学好的能力，或者是觉得自己再怎么努力也达不到父母的要求；
- 毕业生对工作"不感兴趣"，可能是觉得自己没有赚钱的本事，或者是害怕再怎么努力也达不到自己心里的目标；
- 朋友说对爱情"不感兴趣"，或者是觉得自己不够好，或者是害怕自己投入感情后失败。

没有人愿意说"我很害怕"，所以他们就骗自己说"我根本不感兴趣"。他们不是缺乏能力，也不是缺乏机会，他们缺乏的只是投入，对不知道结果的事情的投入！

无趣之人，往往不是无能之人，而是无胆之人。

所以每天问问自己，你到底是没有兴趣，还是不敢有兴趣。

生命就像一面镜子：有趣之人对生活保持极高的投入度，全力拥抱，生活当然也全力拥抱他；无趣之人用"没兴趣"把自己和生命隔绝，所以生命也躲开他。

所以，有人说：像没有人看一样跳舞，像不需要钱一样工作，像没有受过伤那样爱，像就要死那样活着。

带着关爱而不是期待投入生活，你会发现能力与乐趣会接踵而至。

爱情会衰退，兴趣也会吗？

有一次在大学讲座的时候，有学生站起来提问："惊天动地的初恋会随着时间慢慢消退，职业兴趣也会如此消退吗？"

我说："会的。"

长久来说，只有那些不能够被满足的兴趣，才是不会消退的兴趣。心理学家认为，快乐源于紧张感的释放，一旦一个需求已经完全被满足，紧张感就会消失，快乐就没有了，自然也就没有了持续的兴趣。

这么说吧，如果你的兴趣是赚100万元，这就有可能很尴尬。因为这个快乐会随着你赚到的钱越来越多而减少，等你有一天一年赚了200万元，你还会觉得自己当年太没追求。

但是，如果你的兴趣是更加深层的，比如自由、智慧，或者帮助身边更多的人，这样的兴趣就只能永远接近，不可能完全被满足。随着你的力量越来越大，你会发现需要帮助的人越来越多，而你能够帮助的方式也会越来越好。这就是永远不能被满足的兴趣。

找那些不能够被满足的深层兴趣,比如爱、成长、超越自己、快乐、助人、宁静……它们会让你幸福一辈子。

2020年新冠疫情在全球大流行,在美国,有一个名为"Dad, how do I ?"("爸爸,我该怎么做?")的视频自媒体出人意料地火了——很短的时间内,付费用户达到了数百万。

打开视频的第一眼,你可能有些失望:一个面带微笑、体形略胖的光头大叔,正在镜头前絮絮叨叨地讲解怎么打领带,怎么用刀片剃须刀刮胡子,怎么给汽车换轮胎,怎么疏通下水道,甚至还会读一个睡前故事……

"就这?!"这是我的第一反应。

神奇的是,我慢慢地还真看进去了。大叔憨憨地笑着,不紧不慢地讲着,一点点地给你讲透。看着看着,人居然变得很放松,就像回到小时候,回到老爸厚实、安全的怀抱里。

听完这位大叔讲的故事,我找到了产生这种感觉的原因。

这位美国大叔叫罗布·肯尼,有两个已经成年的孩子。

罗布的童年并不快乐,甚至应该叫悲惨。他父亲的工作频繁变动,他们也就一直在搬家,在各个城市间游荡。后来,母亲酗酒。再后来,父母离婚。父亲争取到罗布的抚养权,却没有好好照顾他。

14岁的一天,父亲出门前说:"我再也不想照顾孩子了。"然后就再也没回来。他跟着23岁的哥哥艰难长大,既没有母亲的疼爱,也没有父亲的教导。

多年后，罗布和妻子将自己的两个孩子抚养成人。回想起自己没人教导的那些日子，罗布想把自己一路摸索出来的生活常识分享出来：如果有孩子正在遭遇自己当年那样的不幸，至少可以从这里找到一些答案。

爸爸，怎么打领带？

爸爸，怎么用刀片剃须刀刮胡子？

爸爸，怎么给汽车换轮胎？

爸爸，怎么疏通下水道？

爸爸，能不能读一个睡前故事？

这就是罗布小时候遇到的问题。当时，没人回答他，那种孤立无援的感觉，他懂。

在有了自己的孩子之后，罗布一定也被问过这些问题，他决心不让孩子重复自己的遭遇。他像在视频里那样，耐心地讲了又讲。

现在，他要讲给更多人听。

在我看来，罗布的行为是对泰戈尔那句著名诗句的最好诠释：The world has kissed my soul with its pain, asking for its return in songs。（世界吻我以痛，我报之以歌。）

如今的罗布平和、坚定，眼中有光，我相信他的视频会一直做下去，讲给全世界孤独长大的孩子们。

为你的生命找到一个长期的、深层的、不能被满足的乐趣，让这个永恒的乐趣带领你穿透生命的无常。

3 你是不是安全感的奴隶

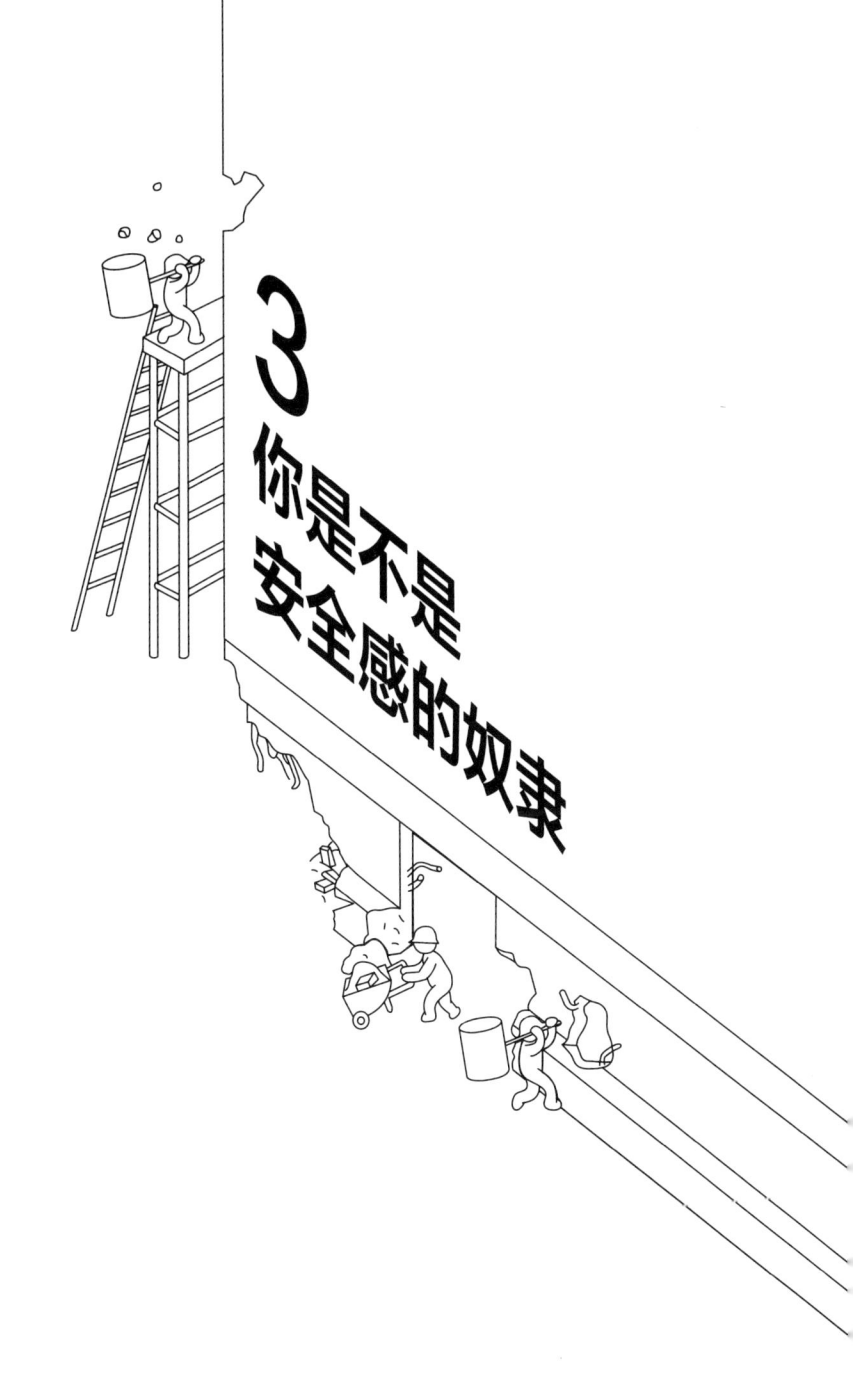

年轻人到底该不该买房？

不管你在中国的哪一座城市，只要你有个工作，还准备结婚，而且父母健在，你肯定想过这件事情：我是不是要在这座城市买房？这得多少钱啊？什么时候买？父母出不出钱？

因为你知道，只要一提"裸婚"，没有人愿意嫁给你；即使女方愿意，她的家人、别人会怎么看？孩子以后怎么办？看看下面这个"裸婚"的故事。

有这么一个人，我们暂时叫他小飞。他21岁从某名牌大学金融系毕业，在大城市找不到工作，于是回到老家省会的证券公司当了一名普通员工。一年后，小飞遇到了自己喜欢的姑娘小苏，恋爱一段时间后，小飞向她求婚。小苏问他房子怎么办？他说："我才工作一年，加上大学时赚了点钱，就攒下来10多万元。我给你两个选择：一是用这笔钱在当地买个小房子，二是让我去投资，过几年咱买套大房子。"小苏说："好，我相信你，我选第二个。"于是小飞和小苏租了个两室一厅的房子就结婚了，房子有点旧，晚上还能听到天花板上的老鼠在开派对。第一年他们生了个女孩，他们没买房；结婚4年后，小飞的事业终于有了点起色，他成为一家投资公司的合伙人；结婚第6年的时候，他在新公司站稳了脚，收入也开始稳定了。他花了大概30万元在当地买了套一般的房子，全家搬了进去。32岁的时候，小飞终于赚到了自己的第一个100万元，虽然此时朋友们都住上了更好的房子，但这笔钱他也不准备用来买更大的房子，他想继续做投资。

这样的生活，你可以接受吗？

这样的生活，比选择了直接买房子的故事版本怎么样？

这是一个真实的故事，小飞和小苏其实是你认识的人，他们一个叫巴菲特，一个叫苏珊。

1951年，巴菲特从哥伦比亚大学毕业，在纽约找不到工作，于是回到了老家奥马哈做股票经纪人，他的职位就相当于今天证券公司的一名普通员工。1952年，巴菲特遇到了自己喜欢的姑娘苏珊。据说巴菲特在结婚的时候跟苏珊说："亲爱的，我工作一年就攒下了1万多美元，我现在给你两个选择，一是花1万美元咱们买套小房子，二是这1万美元让我去投资，过几年咱们买套大的。"苏珊说："好，我相信你。"

1952年，巴菲特与苏珊"裸婚"，他们租了一个两室一厅，晚上都能听到老鼠在天花板上开派对。

1953年，他们的第一个女儿出生了。

1956年，租房子4年后，26岁的巴菲特成立了巴菲特联合有限公司，开始创业。

1958 年，他的投资开始稳定获利，他花了 3.15 万美元买下位于奥马哈的一座灰色小楼。至今他和家人还住在这里。

1962 年，也就是结婚 10 年后，巴菲特赚到了自己人生的第一个 100 万美元。

2008 年，巴菲特拥有财产 620 亿美元，成为世界顶级富豪。

各位"不见房子不撒女儿"的父母，各位无房绝不"裸婚"的年轻女孩，你们说谁才是真正的股神？答案是巴菲特的老婆苏珊！她为巴菲特做了这辈子最重要的一次投资决策：投资自己，而不是投资一套房子。如果当年苏珊选择的是买房子，估计巴菲特一辈子就废了。因为即使是股神这样的天才，也需要给他 10 年的发展机会啊。从职业发展来看，一套房子可能会毁灭一个巴菲特。

投资自己 PK 投资房产

2010 年，《拆掉思维里的墙》首次出版之后，买房成为这本书争论最多的话题之一。其实，岂止是对本书观点的讨论，买房简直是我们国家经久不衰的社会热点。今天打开"知乎"，输入"买房"这个关键词，你会发现人们还在激烈地讨论着："今年房价会暴跌吗？""年轻人还有必要买房吗？""房价真的会这样一直涨吗？"……

我无意为自己辩护，虽然到今天为止，我仍坚信我的观点：在职业发展的初期，投资自己远比投资房产重要。直到今天，我也没有在北京买房，因为这不重要。

我觉得，有些话可以说得更透一些。

认真的读者会发现：我并不是反对买房本身。对我们大多数人而言，房子迟早是要买的。身在今日之中国，房子仍然意味着户籍、学籍、医疗等诸多有形无形的东西，我们不能视而不见。过去买房的钱靠自己挣、靠贷款；今天家庭富裕了，靠父母支持也无可厚非。

我提醒大家注意的是买房的时机，即我们到底应该在什么时候买房？

在大学刚刚毕业、初入职场的时候，我们就掏空家里的"六个钱包"①，在一个房价高企的城市贸然买房，背负高额的房贷，失去战略自由度……无论到什么年代，这都不是明智的选择。

对大多数人而言，23岁（大多数人大学毕业的年纪）到28岁这5年，是职场发展的关键期，是投资自己"投入产出比"最大的黄金时段：工资不高，但工资增幅预期最大；职级很低，却最有可能实现职级跃迁。此时，你仍对未来充满好奇和斗志；此时，你刚刚走出校门，精力旺盛，读书、学习的习惯还在；此时，父母身体尚且健康，你自己也还没有成家、没有孩子，一个人吃饱，全家不饿。大概这是你一生中最能轻装前进、大胆做出各种尝试的时候。

买入时机，是投资的关键。这里的投资包括你自己这只"潜

---

① 六个钱包，网络流行词，是指男方的父母、祖父母、外祖父母加上女方的父母、祖父母、外祖父母共六个钱包。——编者注

力股"。不买房，并不是让你贪图轻松、享乐；不买房，意味着有自己的战略自由度；不买房，意味着你有闲钱把有限的工资投入无限的"投资自己"中，碰到有价值的课程或事情，你不需要犹豫纠结，因为有不同的城市、行业和生活形态让你放松地去体验。如果有合适的转行、跳槽或新的机会，你也可以大胆尝试。

这样一路走来，随着身价的增长，在28~30岁凑齐一套房子的首付并不是大问题。

年轻的时候，全世界都劝你买房，而房价也是年年上涨，你自己也觉得，一定要赶上那班车。如果这是家庭富裕、自己自由前提下的选择，也是非常明智且很好的投资。但如果这是父母的养老金、保险费，且以牺牲自己自由为代价的选择，那么投资自己就是更好的选择。

自己选择，并对这个选择负责。

房子PK梦想

你在年轻的时候，买一套房子在多大程度上是在出卖你的梦想？这个问题不着急回答，我们先来做一个"人生实验"。

假设小强和小明同年从同一个专业毕业，后来又在同一家企业工作。两年后，他们的月收入都是5000元，现在他们决定思考买房的事情。正好单位的班车通过北京五环的某个地方，这里房价每平方米1.2万元，户型多为80平方米的两居室。（这个单价现在已经买不到北京五环的房子了，读者可以自动把北京五环改为六环、七环，依此类推。）两个人的家庭都能够支持他们大概 35 万元，如果按照最长的 30 年贷款算下来，月供大概在 3000 元。

盘算下来，小强决定买房，而小明决定投资自己。

半年以后，小强和小明的收入分配有了不同。小强开始每天坐班车上班，而小明在单位附近每月花 1500 元租了一间房子。现在我们来对比一下小强和小明每月的收入和支出。

小明和小强在做出不同选择后的月收入与月支出

	买房子的人（小强）	不买房子的人（小明）
收入	5000 元	5000 元
必须支出	3000 元房贷 1200 元生活费和吃穿用度等 500 元机动费用	1500 元房租 1200 元生活费和吃穿用度等 500 元机动费用
	共 4700 元	共 3200 元
月剩余	300 元	1800 元（正现金流）

小强每个月只有 300 元节余，他小心翼翼地避免所有大额消费，避免所有出游活动。他想：反正有房子了，熬一熬就都过去了！小明则开始把更多的钱投资自己，他觉得这个时候投资自己才最重要。他看上了几个认证和能力培训班，也找经理要了一份书单，购买了自己需要的书。同时他还拿出一部分钱做活动基金，因为他知道，在课程中扩展人脉的收获往往和课程一样重要，而人脉需要持续的活动来维系。看看这个选择会让他们的职业有什么不同。

小明的投资很快收到了成效。他的简历上每年都会稳定地增加一个认证，能力也越来越突出，越来越多的机会降临到他的头上。小明的人脉保持率每年是小强的12倍，这让小明总是有一些各行各业的朋友，慢慢地他成为公司资源的中心，甚至有时候上司需要什么渠道，都会问他一句。他还准备读MBA（工商管理硕士），为自己再升一级做准备。当然小强也不差，为了自己的房贷，他也努力工作。只是他慢慢地意识到学习真的很重要，自己往往一个多月的工作心得，小明一堂课就获得了。但是囊中羞涩，他没有能力投入培训课程，而且自己精力也不足，因为房子离公司太远，每天回到家就已经晚上9点多了，稍微休息一下就该睡觉了。

小明和小强在做出不同选择后的职业能力变化

	买房子的人（小强）	不买房子的人（小明）
投资	假设小强是一个学习狂，每月投入200元到学习中	每月轻松投入1200元用于学习
	1年自我提升费用2400元	1年自我提升费用1.4万元
能力提升	单位培训	单位培训
	认证培训无（上不起）	1个认证培训，4000元
	1个能力课程，2000元（如沟通、销售、理财、情商等课程）	2个能力课程，4000元（如沟通、销售、理财、情商等课程）
	购书18本，共400元	购书30本，共1500元
	月活动基金无	月活动基金400元
人脉	50人	认证培训、能力课程共认识了200人
	无维护，人脉保持率5%	通过月活动基金维护，人脉保持率30%

这样一个购房选择，在升职加薪方面会有什么影响？小明因为更多的知识储备和更广的人脉，升职的速度几乎是小强的两倍。

按照公司每三年按惯例提升一个人、大概一年半破格提升一个人的速度，一般企业每升一级工资提升150%，一年发13个月薪水，那么10年后，同一条起跑线上的小明与小强的工资差别可见下表：

小明和小强在做出不同选择后的职级和薪资变化

10年职业发展	小强 3年/次	小明 1.5年/次
升职数	升职3次	升职6次
税后月薪	1.5万元	5.2万元
年薪	19.5万元	68万元

10年过去，现在小明和小强都有各自的发展。小强在自己的公司做到了经理，年薪将近20万元。而小明5年就升到了经理，然后跳到了另外一家企业，从经理做到了总监，然后与两个朋友开始一起创业，现在有股份，年薪大概68万元。从职业发展理论来说：一个成功的职业发展人士，10年后的月收入是10年前年收入的10倍。现在小强的房贷还得差不多了，但是小明的年收入是小强的三倍多，而且未来的平台和前景远远不是小强能够比拟的。因为小明的专业能力和交际广度一直在上升期，慢慢已进入资源层面的竞争，而小强却慢慢进入体力下降的瓶颈期，他似乎已经看到了自己的职业天花板。

小明与小强的另一个重大差距是，小明在10年间做了两次重要的跳槽选择，小明很清楚，在今天这个极速变化的社会，期待一个公司或者行业连续10年都有最快的发展是不可能的，自我的快速发展也许需要通过调整职业方向来实现。而小强则不敢冒这样的风险，因为他的房贷让他不敢做任何职业变动。我们帮小强算笔账。

买房人（小强）与不买房人（小明）的收支项目表

经济收支	购房者	租房者
月存款	300元/月	1800元/月
月支出	4700元/月	3200元/月
有一个很好的工作机会，但前三个月试用期每月只有3000元，通过后每月涨到6000元，需要准备	1700×3=5100/300=17个月	200×3=600 1个月
一个创业机会，前景很好，但一年内每月只有2000元工资	永远无法创业	8个月准备期

看看上表，不购房的人一个月内就可以跳槽到新行业或新公司，承担转换行业与职位的短暂压力，获得更好的发展机会。他们只要准备8个月就可以尝试创业，而购房者则与这些机会渐行渐远。

简单来说，如果你有一份月薪5000元的工作，用20年的贷款买一个最一般的房子，那么在接下来的10年中，在我们最有旺盛学习力与拼劲的时间段，在我们最需要选择适合自己的职业目标、最有机会开始尝试创业的年代里，大部分购房者与这些机会阴阳相隔。

这些过早的购房者几乎与创业、转换行业和快速升值无关。从职业发展角度来看，一套房子毁灭了一个梦想。

我们尝试翻阅国内大部分创业者的成功档案，发现他们都在最适合开始创业的年代，选择了创业而不是选择买房。

1998年，马化腾等5个人凑了50万元，创办了腾讯，没买房；1998年，史玉柱向朋友借了50万元搞脑白金，没买房；1999年，漂在广州的丁磊用50万元创办了163，没买房；1999年，陈天桥炒股赚了50万元，创办了盛大，没买房；1999年，马云团队18个人凑了50万元，注册了阿里巴巴，没买房。他们的成功不是由买房来决定的。

为什么都是50万元？因为当时的《公司法》规定，要注册公司必须是50万元。马化腾当时的股份是47.5%，也就是23.8万元，而1998年深圳市平均房价在每平方米3000元左右，他应该可以支付一套约80平方米的房子。当年的马化腾做出了一个正确的选择：不买房，买梦想。

无独有偶，量子基金创始人之一、投资大鳄罗杰斯也是在量子基金成功运转7年后才耗资10万美元买下了一栋百年老宅。

与他们持类似观点的还有国内房地产业大佬王石。2008年年初，国内楼市初现调整之时，王石抛出了惊人之语："对那些事业没有最后定型，还有抱负、有理想的年轻人来说，40岁之前租房为好。"

在我看来，按照今天的房价，排除那些富二代不说，普通人买房卖梦想只有两种情况。

第一种是双方父母出钱资助，这种人前途和发展基本上被父母"控股"。经济不独立往往意味着梦想不独立，你住着别人花的钱买的房子，还有什么好说的？但今日的父母似乎更开明了，给钱买房子还不干涉你的自由，如果遇到这样的父母，你一定要谢谢他们。

第二种情况是牺牲了太多的发展机会，典当梦想来成就一套房子。

美国人平均31岁才第一次购房，德国人42岁，比利时人37岁，中国香港人32岁；欧洲拥有独立住房的人口占50%，剩下的人都是租房。我们凭什么要一毕业就结婚、一结婚就买房，而且还要为之出卖我们的发展与梦想？

我曾经在2003年的深圳、2006年年底的北京分别看上过两套房子。2003年那次我无力支付，但也不愿意让父母出钱。2006年那次，因为有了一点积蓄，我大概能付得起40万元的首付。那天看完房子，那种拥有一个自己的房子的想法让我非常兴奋，开车回家的路上，我特别激动地给朋友挨个打电话。直到有一个朋友对我说："古典，你准备好安定了吗？如果买了房子，你这辈子基本上就定下来了。你的房子会驱使你找另一半、结婚、生子……因为那就是在房子里面该干的事情。当然，那样的生活其实很好。"

我放下电话，那种兴奋感慢慢退去，快到家时，我做了一个决定：我不要过有房人的"安定"生活，我的生命不仅止于此。

这些年来，每次开车经过那个楼盘，我都深深地感谢我那天的决定。现在这处房子已经升值了5倍，价值1200多万元。但我的人生，我这10年的体验之丰富、眼界之开阔、能力之提升，

3 你是不是安全感的奴隶

都远远比这套房子值钱。

如果每个月有 6000 多元的房贷,我绝对不敢思考如何离开新东方这个待遇优厚的地方,创办新精英生涯,这样我将错过这辈子自己最想要的生活、最希望一起共事的一群人和一个最大的梦想。这一切都是一套房子无法比拟的。

回头看那些过早购房的人:他们花掉了自己未来 10 年转换工作方向与创业的自由度,花掉了年薪高出三倍的机会,他们到底买回来了什么?

他们购买的,其实是内心深处的"安全感"。他们不相信自己的能力,于是觉得有一套房子会让自己安全一点。在这座大城市有一个栖身之地,会让人觉得心里踏实。他们购买的其实是一种莫名其妙的心智障碍,一种对自己能力的不自信。

但是安全感真的可以来自一套房子吗?这是我们本章要拆掉的思维之墙。在这个房价、股票、国际间日益动荡的社会,在这个跌跌撞撞、从国有体制狂奔进入智能时代的社会,我们的安全感真的可以来自一件物品吗?如果说房子真的可以换来安全感,那么用梦想来换,真的值吗?

为了消费安全感,我们付出了这么大代价,典当自己的梦想,典当自己发展最快的短暂时光,真的值得吗?我们真的应该好好地看看,这堵墙背后到底是什么。

至于父母怎么看待孩子买房,我倒是很喜欢领英联合创始人里德·霍夫曼的父亲的态度。

霍夫曼准备创业的时候,父亲跟他说:"去吧,家里给你留一个房间,失败了就回来。"

霍夫曼很踏实,他知道自己不会无家可归。当资金耗光之

后,他就回到这里,再找一份普通的工作养活自己,这反而激励了他在商业道路上不断进取。

霍夫曼从中悟到了一个 ABZ 理论,就是人要同时有三个计划:A 计划目标远大,B 计划稳中求胜,Z 计划是底线。霍夫曼把家里的房间当成了 Z 计划,他知道即便 A 计划、B 计划全部失效,他也可以安稳地过一辈子。

今天的我们是否可以考虑把快速跃迁作为 A 计划,把踏实做好手头事作为 B 计划,而爸妈也别操心我们买房的事,给我们留个房间,作为 Z 计划?

同样,困扰很多人的"去大城市还是待在老家"的选择,也是安全感的问题,我曾在视频号分享过"该选择大城市,还是小城市?",你可以找来看看。

安全感如何毁掉职业发展

我是一个小城市的老师，我周围的人都是有个工资不高但较稳定的工作，结婚，生子，然后守着微薄的工资到退休。我的路不应该是这样的，我害怕自己会和他们一样。我想过去城市工作，但是又害怕在城市里找不到好工作。我曾经想通过考研来摆脱我的现状，但是如果复习一年考不上怎么办？我还想过，实在不行，我谈一段恋爱结婚算了，但是我又害怕对方成为我未来发展的阻碍，我该怎么办？

该怎么办？

你一定也有过这种感觉，自己陷入那种好像什么都有一点可能，但是又什么都做不到的恐惧。自己突然很弱小、很弱小，禁不起任何的失败。世界很大，我却没有力量去任何地方，那是一种好像被什么东西囚禁的感觉。这个时候你多希望有一个权威的声音说：去吧！你一定可以成！但是没有任何人会这样说。

职业规划师也不会这样说,因为他们知道,这不是职业规划的问题,而是心理问题——即使找到最优化的道路,这个人也会继续和自己玩"Yes, but..."("是的,但是……")的游戏。这种被自己的安全感囚禁在看不见的牢笼中的人,我称为 yesbuter,这种人大部分都是安全感的奴隶。

安全感是一个力量强大的主子,它用一个看不见的牢房来囚禁奴隶,这个牢房用恐惧作墙,用恶毒的信念作水泥。看看案例中那个主人公:她害怕枯燥,害怕找不到工作,害怕考不上研,还害怕爱情。仅仅是这 4 个恐惧,就能把她隔绝在有意义的生活、考研、工作和爱情之外。被安全感囚禁的人就这样被隐性的牢房之墙隔绝于世界,哪里也去不了。

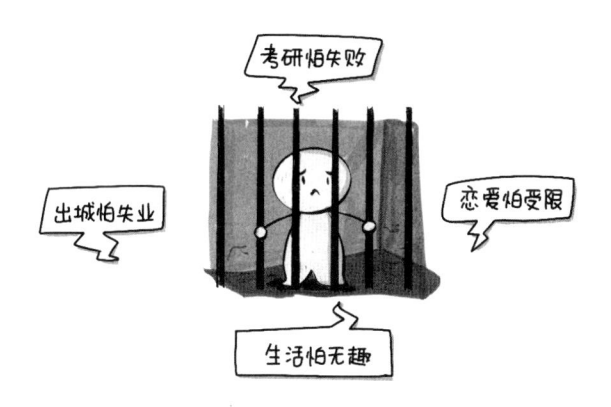

如果你再追问她,就能得到她恐惧背后的信念:

"为什么不努力一下考研呢?你知道这是最好的方式!"

"是的,但是我不擅长学习。"

"为什么不尝试找一个能与你一起奋斗的另一半呢?"

"是的,但是我听说男人都不喜欢妻子太好强。"

"为什么不尝试出去找找工作呢?"

"是的,但是我听说外面的工作很不好找。"

"为什么不这样待下去呢,这样平平淡淡不也很好吗?"

"是的,但是我害怕与他们一样……"

这就是一个被自己的安全感囚禁的人。

这不是爱情，而是恐惧

在搜索对话框里检索"安全感"，你将看到如下结果：为什么我觉得男人没有安全感？为什么我的女朋友说我没有安全感？缺乏安全感的人怎么谈恋爱？如何让别人觉得自己有安全感？没有安全感的22个表现……安全感成为选择对象的重要因素。

每个人都期望自己能获得安全感，这是人的基本需要，但是每个人对安全感的想法却不一样。在我们的社会中，女孩子总会收到这样的信号：

"一个女孩子，孤零零的太可怜了！"

"30岁还没有嫁出去，怕是有什么问题。"

"现在还不生，以后没的生了，老了多凄凉啊！"

或者是隐晦一点的：

"这么努力干吗？干得好不如嫁得好！"

如果你现在已芳龄25岁以上，还没有靠谱的男朋友，你试着给任何一个超过40岁的长辈打个电话，我敢打赌，10句话里超过4句的主题是：找个男人！

总之，这个社会，不管是爸爸妈妈、三姑二婶还有同学闺密，都在齐声对你说："你没有能力一个人活得很好！没有男人你是活不下去的！"

想想看，如果一个女孩子被设置了"我没有能力一个人活得很好，没有男人我就活不下去"的想法，她心里会启动怎样的模式？

她会开始寻找有安全感的男人；没有安全感也不要紧，至少他的钱或者职位让我有安全感；实在都没有也不要紧，只要他父母有钱或者有权也不错。"幸运"的女子也许会找到一个这样的男人，然后全力依靠，越来越多地学习掌控，独立生存的能力却越来越低。终于有一天，她成为一个必须依赖别人才能生存的人。这个时候她会怎么办？

她内心的安全感主子会说："快！死死抓住这个人，否则你就完了！"

让我们看一个"美丽"的爱情故事。

大学时，为了把他留在身边，她献出了自己的第一次。

毕业了，为了留住这个她爱的人，她与他结婚了。

几年后，为了让这个人回心转意，她为他生了一个孩子。

又过了几年，当婚姻和孩子还是留不住这个人，她自杀了。

多么凄美的爱情故事。多么无情的男子。多么痴情的女子。……

等一等，她真的爱这个人吗？

亲爱的，那不是爱，那是恐惧。

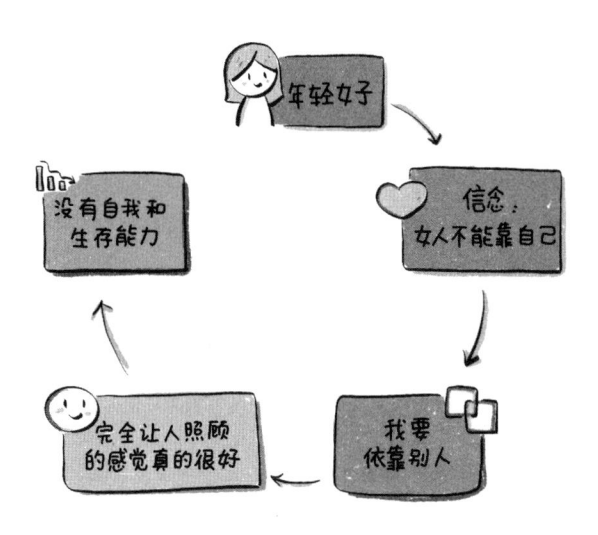

```
年轻女子 → 信念：女人不能靠自己 → 我要依靠别人 → 完全让人照顾的感觉真的很好 → 没有自我和生存能力 → (循环)
```

爱有两种：一种是死死抓住，你紧张，他也紧张；一种是轻松托住，你舒服，他也舒服。

没有人能够完全控制对方，所以当把快乐生活和安全感绑定在男人身上的时候，你也就为日后的疯狂埋下了伏笔。快乐生活的安全感是你不能够失去的，于是可以依靠的男人也是不能够失去的。但是你内心知道，男女朋友关系不能约束对方，于是你的安全感主子会说："结婚吧！"结完婚，你的安全感主子会说："结婚还是可以离的，生个孩子吧！"当生完孩子，你的安全感主人还会说："生个孩子不一定听话，所以一定要掌控他（她）！"于是你开始告诉孩子你的安全感主子告诉你的一切，让这个心理模式继续传递下去。

我能听到你的安全感主子的狞笑，因为它的奴隶成功地为它养育了一个小奴隶，就像以前的黑奴一样。

这样的模式让你成为安全感的奴隶，让你陷入害怕失去而又全力掌控的无穷焦虑。电视剧《不要和陌生人说话》中丈夫的变态掌控，都来自女主人公内心安全感主子的耳语："你掌控不了他，你没有资格。"终于有一天，那个原本深爱你的人也会不堪重负，尝试从你的掌控中逃脱。

这个时候，你的安全感主子会让你绝地反击："你果然不可靠！我不能没有你！我一个人活不下去！"于是你的疯狂行动就开始了。

"我不能没有你"，我们在很多关于爱情的血案、情仇、报复和自残故事背后都能听到这句话。这些故事的主角都坚信自己虽然手段恶劣，但是出发点高尚，因为——为了爱情。

事实上，亲爱的，那不是爱，那是恐惧。

这个世界没有谁都能活得下去，而你却不知道自己什么时候陷入了深深的恐惧。你坚信自己需要被认同，你坚信离开了另外一个人你无法生活，这其实是一种恐惧。

爱从爱自己开始，你可以爱爸爸，爱妈妈，爱恋人，爱小猫，爱小狗，但是这一切都从爱自己开始。

所有的爱只有溢出来，才是爱。

那些打着爱的旗号的伤人者、自残者或"伟大的牺牲者"没有发现，那其实不是爱，而是恐惧。安全感狞笑着奴役你，然后让你去毁掉身边的人，毁掉你的生活，然后在人群中寻找下一个受害者。

请你相信：这个世界没有谁都能够活下去，而且都会活得很好。当拥有了说走就走的能力，你反而能收获真正的爱情。

我们来看看被称为"中国第一桩西式离婚案"的故事。男主角你很熟，诗人徐志摩；女主角也许你不知道，是他的第一任妻子张幼仪。张幼仪的人生以离婚为界，前后截然不同。

15岁那年，张幼仪奉"父母之命，媒妁之言"，嫁给了徐志摩。徐诗人从来没看上过她。第一次见到照片的时候，徐志摩就嫌弃地说："乡下土包子。"婚后不久，张幼仪怀孕、生子，徐志摩旋即出国。

后来，张幼仪去英国，与徐团聚。

22岁那年，张幼仪怀上了他们的第二个孩子。徐志摩要她打掉孩子，还要和她离婚。所有哀求，都被坚决拒绝之后，张幼仪不得不在离婚协议上签字。她独自去德国待产，此后，她历经贫穷、彷徨、世人的嘲讽……人生跌至谷底。

但在回首往事时，张幼仪却说："去德国以前，我凡事都怕；去德国以后，我一无所惧。"怕什么呢？怕离婚，怕父母失望，怕公婆不满，怕人言可畏……可是怕了那么久，该来的还是来了。"一无所惧"之后，她的人生开始反弹。

离婚之后，张幼仪又在德国待了三年，抚养幼子，学习进修。

1927年张幼仪回国后,在东吴大学教授德文。

从1928年开始,张幼仪担任上海女子商业储蓄银行副总裁、云裳服装公司总经理,成为民国年间少有的女性商业领袖。

当时人们都以在云裳做衣服为荣。谁会想到,当年徐志摩嘴里的"土包子",此时开始引领上海乃至整个中国的时尚潮流。

张幼仪打理的女子商业储蓄银行,也在风雨飘摇的乱世中坚持了30余年,直到1955年金融业公私合营才宣告结束。

这不是一个民国版"今天你对我爱答不理,明天我让你高攀不起"的故事。张幼仪"开挂"的后半生,不是对徐志摩的证明或报复。

你还在报复,证明你还在阴影里。

张幼仪此时已经成为比徐志摩更亮的光。

事实上,离婚之后,张徐二人反倒成了可以好好聊聊天的朋友。

1931年,徐志摩因飞机失事亡故,帮他照顾父母、整理文集,甚至资助徐志摩遗孀陆小曼的,都是张幼仪。

此刻的张幼仪,距离那次改变命运的离婚,已经10年。

关于"爱"的三个误会

爱是我们最常听到的话,却也是被误解最深的一个字。

把依赖当成爱

　　一个朋友因为公事需要经常出差,每次在外面总是接到女朋友的电话:"你现在好不好?有没有想我啊?"如果朋友回答"好得很""挺开心",他的女朋友就很伤心:"你都不想我……你一个人都这么开心!"他非常困惑,心想难道必须说:"我现在糟透了?"

我们很多时候把依赖当成了爱,觉得爱就是两个人甜甜蜜蜜,谁也缺不了谁。当看到别人没有自己也活得很好的时候,内心就会莫名其妙地生气,觉得对方不爱自己了。这种人往往很难很好地独处,因为这其实不是爱,而是依赖对方。真正的爱,是给对方自由，也给自己自由。就像诗人非马的诗歌：

　　打开

　　鸟笼的

　　门

　　让鸟飞

　　走

　　把自由

　　还给

　　鸟

　　笼

你是不是那个费劲巴拉的鸟笼呢？

把爱自己当成了爱别人

　　有没有遇到过这样的情况？你给你的女朋友发了一条短信，说："小红，我好爱你！"但是发过去一点回音都没有，于是你开始着急，等待，一分钟看三次手机……

　　你是在表达爱吗？如果是，为什么你这么焦虑？你是在等待她回短信说"小明，我也很爱你"？这就是把爱自己当成了爱别人。

　　你有没有对别人说过："我对你这么好，你却不听我的话？"你的父母有没有对你说过："我这样做都是为了你，你却让我这么伤心。"这些话听上去是爱的表达，其实是一种要求与责备。背后的意思就是："我对你这么好，所以你必须听我的话！""我这样为了你，你不能让我伤心。"怎么样，是不是打着爱的旗号索取？

把喜欢与爱混淆

你的孩子考试得了100分，你很高兴，对他说："你得了100分，妈妈好爱你啊！"但是当他只考了60分的时候，你又会说什么？你会不会生气地说："怎么考得这么低？妈妈不喜欢你了！"

你的孩子很快就学会了：妈妈不是爱我，而是爱我的分数。他也会把"喜欢"和"爱"混为一谈。

喜欢是指向行为的，而爱则指向人的本身。

你可以不喜欢朋友抽烟，不喜欢他的一些想法，但是要记得，你可以讨厌这个人的一些行为，同时你也可以爱着这个人。

我们天天在说爱，但是对于爱，我们真的知之甚少。你觉得自己在"爱"的那些时候，有多少是真的爱呢？

为什么美女大多不认路

有没有观察到一个好玩的现象？

我们身边的大多数美女都不太认路，不过，她们一般也不需要认路，因为她们总有其他人接送，很少自己开车。即使开车，她们往往也是开导航，但一旦手机没电或找不到信号，她们就彻底崩溃了。

难道说美貌与方向感成反比？

显然不是。

小M是著名房地产公司销售经理，1.72米的身高，漂亮优雅，每个月的销售额都是公司第一，是一个典型的金领丽人。她有自己的车，但每次朋友聚会都要迟到。一般大家坐下来大概10分钟，就会接到她的电话："哎呀，我现在应该就在附近了，你们等我啊。"然后大家放下电话就会说："别等啦，我们吃饭！"果然，半小时后会接到她的第二个电话："你们在哪里啊？天啊！导航不对！我都快疯了！"大家于是很淡定地说："姑娘你别动了，我们打包去接你吧！"

你以为小 M 不认路？你应该看看工作时候的她，不管在楼盘的什么地方，她都能告诉你，这里是东，那边是南。而一个新的楼盘，只要走一遍，她就能全部记得。

为什么小 M 的方向感会时好时坏？

因为小 M 在买车的第一天，就有无数人告诉她："女人是完全不认路的！"小 M 从此出门就开导航。两个人的时候，有男朋友做人肉导航；自己一个人的时候，就完全依靠手机导航。小 M 的车上方向感从此完全消失。

前面说过，能力 = 天赋 × 时间。小 M 完全没有自己认路的时间和机会，所以她的认路能力近乎为 0。但是在楼盘里面，小 M 完全是另外一个状态。

看出来了吗，"女人不认路"这个信念彻底毁掉了小 M 在开车认路方面的能力，让她在认路上极度不自信，恐惧感自此而生。可见，心智模式是封印最好的咒语。

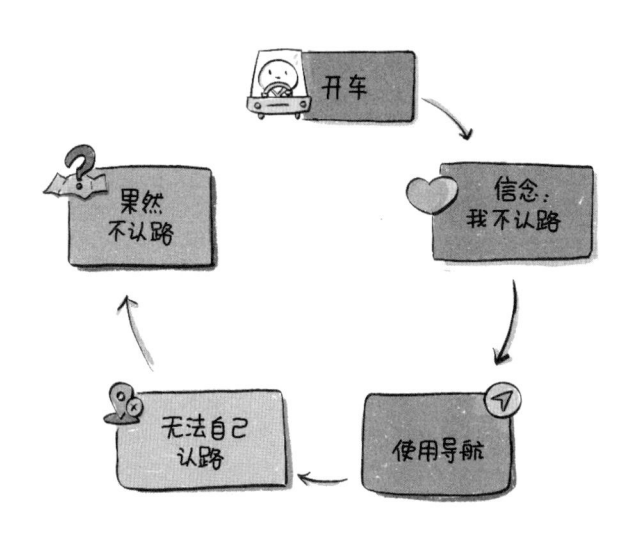

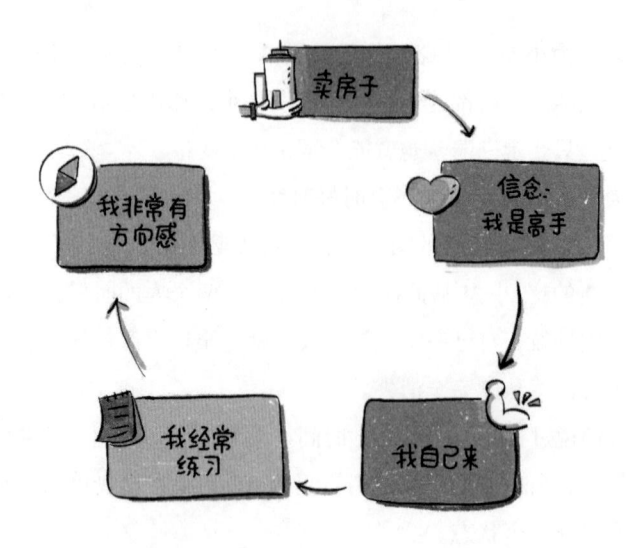

你的潜能好像你的咨询顾问，如果一开始你信任它，它就会越来越努力，为你做越来越多的事情；如果一开始就不信任它，而去依赖其他东西，它就会慢慢地远离你，在你需要用它的时候，它也不会来。慢慢地，信任自己潜力的人建立起了自信与安全感，而不信任自己潜力的人会进入越来越丧失安全感的模式。换言之，你永远丧失了这个方面的自信，你变成了安全感的奴隶。

　　如果只是丧失开车不认路的自信，其实对我们的生命妨碍不大，但是如果在其他方面我们也一点点丧失自信，我们的生命就会慢慢地关上所有的门。

　　有一个西门子的工程师叫保罗，他最近被提升为部门经理，负责三个项目。他觉得自己没有领导力，总是无法对团队经理讲清楚他的要求。于是，为了寻求领导力的提升方法，他来到新精英生涯学习。

　　其实，保罗的能力很强，资历也够，个人形象也很好，本来应该是一个很好的领导人才。我在课堂中观察他，在小组讨论的时候，保罗滔滔不绝，神采飞扬，但是只要代表小组出来讲话，他就好像变了一个人！他开始磕磕巴巴，而且有很多自我否定的语言，比如，"我讲得不好，都是随便讲的""我认为我们应该这样，当然，这只是我的想法""我非常确定这个，当然，也许你们有更好的主意"。保罗一方面在强烈地表达愿望，一方面又不断地自我否定，这让下面的人无所适从。为什么保罗会这样？

在接下来的循环式沟通环节，有一个话题是"在你很小的时候，大家是如何评价你的？这对你今天有什么影响？"。保罗突然在那个话题的讨论中恍然大悟，他想起来自己小时候接触的东西，等不及分享环节，他就举手说："我知道为什么我是这个样子了！我从小学习一直比哥哥好，家里人很多时候都听我的，而不是听哥哥的。但是哥哥比我大，每次我讲出意见以后，总是被他私下揍一顿。之后我就会说：'我认为应该这样，当然这只是我的想法。'这就是造成我现在这种状态的原因！因为我从小就知道直接说出自己的意见，是要挨揍的。"

找到了原因，保罗的领导力自信开始回来了。他说："原来我天生就是个领导者！"

"女人不认路"，这句话关上了女人自己认路的门，所以只能依赖导航。

"一个女人活不下去"，这句话关上了女人独立生活的门，所以有的女人天天想着嫁个好男人。

"世界是不安全的"，这句话关上了女人开拓奋斗的门，所以我们总希望存更多的钱，只为了买一套买不起的房子。

"你没有价值"，这句话关上了我们自信的门，所以我们需要通过名牌衣服与吓人的头衔包装自己。

如果没有内在安全感，但是内心又迫切需要安全感，我们只好慢慢地转向外界，寻求外部的寄托。这会让我们的自信完全被摧毁，恐惧开始滋生，因为我们的潜意识知道：外物是无法完全被掌控的，而我们又无比依赖这些东西。

这种想法让我们活在两重煎熬中：不相信自己，又随时害怕失去。时间久了，我们终将被奴役，成为安全感的奴隶。就像我们在生活中经常看到的一些人，他们是职业安全感的奴隶、房奴和爱奴。

6招快速提升安全感

小范围的冒险

特蕾莎修女说,上帝不是要你成功,只是要你尝试。

在安全的环境,小范围地冒一冒险吧,这是拆掉你那些思维之墙很好的一次试探,看看它们是不是只是看上去坚固,其实很虚弱。

- 在不着急的时候,尝试关上导航走一段路。
- 只用你们家房子一平方米的钱,给自己安排一次旅游。
- 在一两个你之后永远不再去也不可惜的小群体里面,做做自己一直不好意思做的事。
- 给那些可去可不去的职位打电话,推销一下自己。
- 拿出一件不准备要的衣服,按照你的心意剪成自己喜欢的样子。

总之,在安全的地方,让自己来一次冒险吧!

远离那些太容易获得的安全感

我听养鸟的行家说，如果抓回来的小鸟野性十足，千万不要一下子就把它关进正式的鸟笼里。你需要先把它关在一个软网里，让它无法休息，也无从撞死。等它精疲力竭掉在网底的时候，慢慢地给它一些食物。如果它还是不顺从，就放弃驯养。但是大多数小鸟会被食物吸引，慢慢地开始进食。一个多月后，这种小鸟即使飞了出去，也会飞回来，否则它就会死在某个地方。因为它已经被植入一个信念：我无法依靠自己生存下去。

人是不是也是一样？

我以前在北京租住在一个三室两厅的房子里，因为之前住惯了宿舍，喜欢热闹，所以除了我和室友宝华，另一个书房常年空着，有朋友来就住在那里。因为是兄弟，也不需要付钱，吃饭一起吃就好了。他们在那里可以全天上网，还有满屋子的书可以看，几乎是零成本地在北京待着。这个房间陆陆续续搬进来过6个人。

后来搬家，大家在一起聊天才发现：这6个人在这间书房期间都没有太好的发展。其中4个人找不到合适的工作，还有一个人黯然回到家乡。宝华开玩笑地说，这个书房前宽后窄，风水不好。我慢慢品出了这里面的道理：这些人不是没有能力，而是太安逸了。他们在这里吃住不愁，精神充实，心情愉快——如果安全感可以这样轻易地获得，那为什么还要努力去争取呢？即使争取，也没有现在这样舒服啊！

所以，在北京，如果想搞废一个人，那就给他提供一个没有经济压力，随时可以上网、看书、吃饭的房子吧。

孟子说，生于忧患，死于安乐。如果要害一个人，让一个人恐惧、没有自信，给他提供无须努力就可以获得的安全感。这实在是太有效了。据我所知，很多父母就是这么干的。

远离那些让你容易获得安全感的事情，包括一对过于关心你的父母、一张可以任意刷的信用卡、一个不会犯错的任务，以及一份如同养老般的工作，这些事情会驯化你成为安全感的奴隶！

珍爱生命，远离恐惧

少看一些凄惨的电影、恶俗的电视剧和惨淡的杂志，也少和那些没有安全感的人待在一起，它（他）们就好像垃圾车，满怀恐惧的信念。

接近那些简单快乐的人，看看那些干净明亮的电影和图书，做一些无缘无故就会让你快乐的事情。

站在阳光里，你会慢慢地赶走黑暗。

做一个恐惧保险箱

恐惧其实不是坏事情,它是我们从祖先的潜意识那里获得的记忆。我们的祖先生活在一个危机四伏的世界里,他们需要这些危机意识来保护自己:在远古,一个对冬天有担忧的山顶洞人父亲,会收集更多的过冬食物;一个对经济有担忧的母亲,会积蓄更多的财务。恐惧在那个时候是必需的,也是有益的。

所以,我们的天性会对恐惧的事情念念不忘,以至被它奴役,阻碍了很多的可能性。

一个方法可以很好地控制这种本能,那就是给自己一个恐惧保险箱。

2008 年,我在"5·12"汶川地震发生的四川灾区认识了学习专家宋少卫,我们曾一起帮助东汽中学高三的学生做心理康复。当时,他们的书被埋在废墟里,他们朋友和家人的死讯不时地传来,他们还要面对一个月后的高考,而这个成绩会决定他们十年苦读的结果,成为决定他们命运的方式!

总之,这群孩子充满了恐惧,"如果再来地震会怎么样?""如果高考考不好怎么办?""如果医院里的同学去世怎么办?""如果家里的房子没有了怎么办?"

此时,少卫用了一个有效的工具——恐惧保险箱,来帮助他们,你也可以试试这个游戏。

- 把最恐惧的事情仔细写在一张纸上,至少要写 10 条,而且要尽可能的详细,要做到挖空心思也想不出来更多为止!

- 找一个信任的人，或者一个很安全的地方，做你的恐惧保险箱。把这张纸叠好放到里面，确保没有其他人知道。
- 告诉自己，我担心的事情有可能发生，但是我要去做自己的事情，所以我要先把恐惧安全地存在这里！等做完自己的事情以后，我会回来取走我的恐惧。
- 这个时候你会觉得心里舒服很多，然后大胆地去做自己的事情吧！
- 回到你的保险箱存放地，看看有多少担心的事情发生了，又有多少没有发生。

后来，我和很多重要人物谈话之前都会先做这个游戏，这让我释然很多。因为我曾担心的那些事情，几乎从来没有发生过。

做一个自己的"成功日记"

在最好玩的理财入门书《小狗钱钱》里面，有一个这样的故事：

  故事主人公需要做一个演讲，却觉得自己没有能力。小狗钱钱说，还记得你的"成功日记本"吗？

  小主人公翻开日记本，发现自己原来有那么多成功的经历，做过那么多伟大的事情……我是一个勇敢有自信的人！

  后来，小主人公成功地在大家面前开始了演讲。

这就是成功日记的威力。这个日记可以是一本书，可以是一些短信,也可以是一个邮箱,总之,找到一个让你觉得自己实在是太牛了的地方!

还记得启动安全感模式的核心是什么吗?就是你的自信。

成功日记就是一个启动自信的方式——每天记得告诉自己,我曾经有多好!

《小狗钱钱》里有关于成功日记的记录:

  1.拿一本空白的练习册或日记本,取名叫"成功日记",把所有你做成的事情都写上去。你最好每天都要记录,至少写上五项成果,任何小事都可以。一开始你可能会觉得很吃力,或许会问自己,这件事或那件事到底算不算"成果"呢。当你有所迟疑时,要始终告诉自己,这就是成果。过于自信总比缺乏自信要好得多嘛。

  2.如果更自信一点,事情可能就会简单多了。我差点又掉进昨天那样的圈套里了。于是我决定立即去写成功日记。

  3.你的成功日记怎么样了?昨天有没有做记录呢?这正是很多不富裕的人会犯的错误。他们总是有很多十万火急的事情要做,却没有时间考虑真正重要的问题。

  4.困难和问题总是层出不穷,尽管如此,你仍然要每天坚持下去,坚持去做对你的未来意义重大的事情。它们最多花掉你十分钟的时间,可就是这十分钟,能给你带来真正的改变。大部分人总是日复一日地停留在原地,就是因为他们没有拿出这样的十分钟来,他们总是期待周围环境会为自己发生改变,却忘记了首先应该改变的就是他们自己。

这十分钟时间就可以改变你。你要对自己郑重做出承诺:从现在开始,坚持写成功日记,坚持去设想你美好的未来。不管发生了什么，每天都要坚持这么做。

5. 通过成功日记，我也学到了很多东西。我早已不再仅仅记录所谓的"成果"，还常常记录下自己是怎样获得成功的。比如，我知道自己非常勇敢，但在感到害怕时，我也不会觉得困扰。因为哈伦坎普先生曾对我说，勇敢不是毫不恐惧。勇敢的意思是，一个人尽管心怀恐惧，但仍然能克服恐惧向前走去。

面对恐惧，触底反弹

"故事一旦被讲出，过去的事情就会被烫平在生命的衣服之上，不会再像空中的幽灵一样袭击着你。"在一次职业规划课上，来自中国台湾的黄素菲老师这样说。

这是消除恐惧的最后一招，也是最有效的一招，就是找到你的恐惧底线，然后面对它。

按照《面对恐惧，从容面对》（*Feel the Fear and Do It Anyway*）一书的说法，恐惧有三个层次：

第一个层次是恐惧事情的本身；

第二个层次是害怕失去背后的价值；

第三个层次，也就是真正的恐惧，是你觉得自己没有能力去应对这个失去。

比如，很多人害怕在公众面前演讲，这是第一个层次。第二个层次你发现，自己真正害怕的不是公众演讲，而是怕自己讲砸了。但是他真正恐惧的不是讲砸，而是自己没有能力面对讲砸的状况，那才是内心深处不自信与恐惧的真正体现。

一个新东方老师来到北京，竞聘新东方集团培训师，此人在分校是首席加主讲，在当地讲得天花乱坠，万人爱戴。但是一想到第二天要面对培训师（新东方更资深的一群老师），他就心里发虚，觉得自己怎么讲都不行。他大半夜敲门来找我，说："古典，你是搞心理的，有没有什么好的方法帮我缓解缓解？"

根据恐惧层次分析他是这样的：

恐惧的第一层：这个人害怕给公众讲课。

恐惧的第二层：这个人不是害怕给公众讲课，而是害怕不被评委认同。

恐惧的第三层：他也不是害怕不被评委认同，而是害怕自己无力面对不被认同的状况……他不敢想在分校里打分最高的自己会被点评：你其实很一般。

我带他一起去试探恐惧的底线："如果你真的明天被骂得狗血淋头，你会怎么办？"

他想了想说："其实没什么，他们的点评也不一定是对的，这其实也是我的一次学习机会。"

我说："你别这么理智，这不是你的风格。你内心真正想说的那句话是什么？"

他想了想，说："我其实想说，That is me, anyway! 我就这个水平，我就是本地第一名，你们爱听不听！"

"很好，"我说，"你现在就出门，大喊三声 That is me, anyway! 明天上台前，再大喊三遍，你就不害怕了。"

第二天的竞聘结果你能想到，教室里的评委被他教室外的这三声大喊吓到了，也被他的精彩讲课震撼了。

从此以后，每当新东方有老师不敢上台，我都陪他们在教室门口大喊：That is me, anyway! 非常有效。

恐惧就是这样一个懦夫，当你触碰它的底线，接受事情最坏的结果，然后开始准备和它大干一场的时候，它早就不知道躲到哪里去了。

2008年5月，我在汶川当志愿者，遇到这样一个女同学：她的教室从六楼塌到一楼，她从教室的废墟里扒开碎砖石钻了出来。在从废墟往下跳的时候，她知道下面还压着她的很多同学。

转移到德阳的时候，她总是被一个梦境困扰：她的同学从土里伸出手来，抓住她的腿，并质问她："你为什么不救我？为什么踏着我的尸体离开！"

她不敢睡觉，不敢穿短裤，甚至不敢去有土壤的地方。可见，她有一个巨大的恐惧需要战胜。

一天晚上，我牵着她的手到操场上，然后问她："如果有鬼伸手出来抓你，你会怎么办？"

她说："我会吓得瘫在地上，动也不敢动。"

我说如果是有鬼抓住我呢？

她想了一想，说："我可能会拉你。"

我说："你试试看？"于是她开始拉我，但是我没有让她拉动。

"如果拉不动呢？"我说。

她想了想，说："我会踢他们的手，不让他们抓我的古

3 你是不是安全感的奴隶

典哥哥。"

我说:"你试试看。"她真的一脚踢来,踢在我的脚踝上。

我痛得很,但是,我抬头看到了她目光里的坚定,我知道她的问题解决了。

当这个孩子开始勇敢地面对被鬼抓到的假想,并且去踢"那只手"的时候,她的恐惧烟消云散了。

恐惧是个虚张声势的懦夫,你懂得如何应对了吗?

当找到内心最深的恐惧后,你把脸转向它,准备作战,恐惧便烟消云散。

当找到内心最深的恐惧时,你把脸转向它,准备作战,恐惧便烟消云散。

困境里自救的两个触底反弹的问题

如果你稍加留意，就会在很多计算机上发现 intel inside（给计算机一颗奔腾的芯）这个标志。曾几何时，有一颗英特尔的 CPU（中央处理器）是一种荣耀。商家知道，把这个标签贴在计算机上，就能增加计算机的价值。用户知道，这个标志意味着稳定和高速的运算；用户也知道，英特尔生产全世界最好的 CPU。

谁又能想到，英特尔公司曾经是世界上最大的存储器制造商呢？从 1968 年起，它的主要业务和利润都来自存储器。1980 年，日本公司的存储器异军突起，以难以置信的低价席卷世界市场，把美国公司逼到绝境。1985 年，在连续 6 个季度的收入下降后，英特尔总裁安迪·格鲁夫意志消沉地与董事长戈登·摩尔痛苦地讨论这个问题。如果再没有好办法，格鲁夫要下台，英特尔也会从此一蹶不振。

那天，他们被对手逼到了战场的死角，这两个平时呼风唤雨的人，双双触碰到恐惧的底线。他们要开始触底反弹了。

格鲁夫突然问摩尔:"摩尔,如果我们下台了,你认为新进来的那个家伙会采取什么行动?"

摩尔犹豫了一下,说:"他会完全放弃存储器的生意。"

格鲁夫目不转睛地盯着摩尔:"既然这样,我们为什么不走出这扇门,然后自己动手?"

这个想法太惨痛了,对英特尔公司来说,放弃存储器等于放弃自己的身份,等于放弃自己近20年苦心经营的阵地,等于在对手面前不战而退。但是,既然坚持下去也没有获胜的希望,为什么不放弃?摩尔很快与格鲁夫达成共识:放弃存储器市场,主攻芯片。他们力排众议,顶住层层压力,如壮士断腕一般去开拓芯片市场,顺利闯过了鬼门关。这个转变被格鲁夫称为"战略转折点"。

第二年,格鲁夫因其深刻的洞察力和英明的决断力当上了这家公司的首席执行官。1992年,英特尔成为世界上最大的半导体企业。到1995年,英特尔累计生产了1.6亿个芯片,一举占领了世界80%的个人计算机市场,取得了绝对霸权。当然,所有问题的解决都不可能一劳永逸。当时间的指针前进到2020年,英特尔重新面临巨大挑战:自家7nm(纳米)芯片延期发布;竞争对手AMD(美国超威半导体公司)和英伟达在更多赛道上向英特尔发起了猛烈冲击;遭到苹果公司抛弃……甚至有些媒体发出"下一个倒下的会不会是英特尔"的疑问,"看到英特尔在新制程技术上挣扎,他(指安迪·格鲁夫)可能在坟墓里都不会安心"。不过,这是另外一个故事了。

你有没有被逼到命运的墙角？你有没有试过触碰想都不敢想的事情的底线？转折的瞬间你会怎么问自己？

再看一下英特尔这个案例，请记得也问自己两个触底反弹的问题：

第一，如果我失败了，代替我的家伙会怎么办？

第二，既然这样，为什么我们不这样做呢？

安全感不是索要的，而是给予的

有一个新精英生涯的学员，处在生命中最好的年华：她身材高挑，年轻漂亮，有一个如果她愿意，可以一辈子不用工作的家境，还有一份让人羡慕的工作，半年努力下来，她已小有所成。这样的女孩子，应该是世界上最有安全感的人吧？

可惜不是。她最近一直在谈恋爱，找了一个又一个，每次都草草收场。问她原因，她说，我只是想找一个人陪，我觉得没有安全感，我希望找到一个能给我安全感的人。这个人应该在物质和精神方面都能无微不至地照顾我，给我很好的安全感，但我却找不到。

怎样可以获得内心的安全感？我给她讲了一个故事：

故事的主人公叫刘丽，1980年出生，曾是厦门一家洗脚城的洗脚妹。她来自安徽农村，家境贫寒，很小的时候就辍学了。她还有两个弟弟、两个妹妹。刘丽每天工作12个小时，收入两三千元。她没有什么姿色，也没有什么积蓄，还从事着一份越老越吃力的工作。总之，从理论上来说，她应该是那种世界上最没有安全感的人。

但就是这样一个洗脚妹，多年来每个月除了自己几百元的生活费，她把其余的钱都资助给了100多名贫困中小学生。这些资助款足够在厦门付一套房子的首付，让她安安心心地过小日子。为了赚钱，她没日没夜地加班，但是每个月总有两天，她会请假乘坐公交车去看望受助学生，帮助他们解决各种生活困难。因为刘丽13岁时因贫困辍学打工，深知学习能够改变命运。

后来，她还成为一个公益爱心组织的发起人，和数百位志同道合的爱心人士一起助学。创业之后，她每年要拿出25%的利润做慈善。在这个物欲横流、人人自危的社会，这是怎样一种强大与坦荡？她的心里，需要多么强大的安全感！

洗脚妹刘丽是如何开始这段旅程的?

刚刚开始做洗脚妹的时候，刘丽自己也不接受。"我从小到大都是年级第一名，怎么出来工作就是去按别人的臭脚丫子。"第一月的工资是1800元，刘丽把1500元寄给家里，希望父母可以宽慰一些，但没想到遭到了父母的痛骂："村里有人说你和别人睡觉赚钱，是不是真的?"刘丽不敢告诉他们真相，因为告诉他们也不会懂，刘丽只好骗他们说："我在服装厂工作。"

洗脚城有好人，也有坏人。这个20岁的女孩子必须学会每天面对一些突发事件，还要应付家人的猜测。她每月给家人寄去大部分的钱，以支持弟弟妹妹读书。两年过去，她的家境慢慢变好，家里盖起了房子，弟弟妹妹也开始上学。但是就在那年春节回家时，刘丽的父母由于女儿的"不光彩"工作，竟然把她赶了出来，这让刘丽彻底崩溃。

"在外面受苦受累，不管怎么样，我都可以接受。因为我还有一个家，我家里需要我。可是听到我爸妈说这些话的时候，我真的连死的心都有。"她不是委屈，而是绝望。刘丽想到了死，也准备好了刀，却一直没有划下去。

你有没有过这样的经历：在外面的世界，你打拼得伤痕累累，磕磕碰碰回到你认为最安全的地方，却被最亲的人一刀刺中你心房中最痛、最脆弱的地方？那一年春节的刘丽正在经历这样的痛苦，她的委屈、无奈和对辍学的痛心一起涌上，彻底把她毁灭，把她多年唯一的安全感毁灭！如果你是刘丽，你会怎么做？

不知道是怎样的一个转念，刘丽在那一刻做了一个决定，而且她在接下来的几年会无数次地感谢这个决定，因为正是这个决定让她彻底成为命运的主人："我还不能死，我弟弟妹妹还要读书，我要让村里出两个大学生。"刘丽放下刀，抬起头，开始走上了另外一条道路。

从2001年开始，她联系了家乡里穷困的孩子，并开始收集衣服、攒钱。一开始是帮助自己村里的孩子，后来慢慢地开始帮助厦门附近的孩子。有着一双关节变形、长满老茧的手的洗脚妹刘丽，用自己的微薄之力，坚定地给予许多孩子改变命运的机会。

有人问她："你的这份爱意源自什么？"刘丽讲了这样一个故事。

四年级的时候，我是年级第一名，我要上台去面对整个年级演讲，那是我一生最骄傲的时候。但是我很害怕，因为我没有鞋子。我穿了一只姥姥的鞋子，穿了一只隔壁姥姥的鞋子，一只蓝色的，一只绿色的。但是我没有赤脚上去。我很害怕别人看到我穿的那双不一样的鞋子。可是不管怎样，我还是穿上了鞋子，我站上去了。这样的恩情，我要延续下去。

你可以在网络上找到这个让人尊敬的女子，她素面朝天，她宁静幸福，她善良安详。她说："我要赚很多很多的钱，让村里读不起书的孩子都能上学。"

听完刘丽的故事，你会想到什么？你有没有注意到我们生命中的安全感是如何获得的？我们的安全感如何被摧毁，又是如何重新建立起来的？

你有没有注意到，安全感不是从别人身上得到什么，而是内心深处一种被需要的感觉。

你有没有注意到，安全感不是从别人身上拿到什么，而是给予这个世界什么。

你有没有注意到，安全感是给予的，而不是索要的。

刘丽因为家庭需要她而觉得安全，又因为家庭排斥她而失去这份安全。在准备死亡的那一瞬间，她幸运地找到了更大的目标：我要通过自己的努力，让村里出两个大学生，把一直在她心中的那份恩情延续下去。在那一瞬间，刘丽重新找到了内心的安全与平静。正是这样一种给予的力量，让这个普通女子拥有了那种看淡钱财的安全与从容。

那些紧锁自己内心、整天盘算别人的人，那些躲在自己的小窝里，整天等待别人救援的人，那些躺在优渥的物质条件之上，惶恐地担心失去的人，那些内心没有安全感的人，你们能够做些什么？

如果你真的是一个没有安全感的人，你能为此做的最好的事情就是在最恐惧的地方，无条件地去支持一个人、一些人甚至一群人。支持别人是这个世界上最安全的事情，支持者也永远不会失败。

也许正因为如此，美国"心灵女王"奥普拉·温弗瑞在2008年斯坦福大学的毕业典礼上说："如果你受了伤，你需要帮助他人减轻伤痛。如果你感到痛苦，就去帮助他人减轻痛苦。如果你的生活一团糟，就去帮助其他处在困境中的人摆脱困境。"

安全感是给予的，不是索要的，请你一定记得。

4 心智模式决定命运

你听说过"鬼打墙"吗?传说郊外走夜路的人,走来走去,感觉走了很久,却发现自己始终在原地打转。读过前几章的你,想必已经发现:我们的思维其实也经常会"鬼打墙"——我们在自己的思维里画地为牢,把自己囚禁在心智模式的高墙之内,左冲右突,无路可走。糟糕的心智模式,就是我们思维里的"墙"。

你还相信星座是真的吗?

你相信星座吗?也许,你是星座的超级粉丝,根据每周的星座运势来安排你的行程;也许,你只有在心情不好的时候才偶尔看看星座的运势;也许,你很希望通过星座来了解自己暗恋对象的性格……不管你属于哪一类,下面这个故事都值得你看一看。

汉斯·艾森克教授(1916—1997)是现代人格科学理论的主要贡献者。1997年他去世的时候,已经成为近代论文被引用次数最多的心理学家。他一生致力于量化人性中的某些因素。对于星座与性格的关系,他做过有趣的实验。

艾森克人格调查表是著名的心理学量表，每个量表有50多个不同的描述，被调查者需要给每一个描述选择"是"或"否"。根据这些答案，心理学家能够分析出"内向—外向""神经质"等四个维度的人格特征。根据占星学传说，12个星座中有6个偏外向星座和6个偏内向星座。

12星座的"内向—外向"人格特征

外向星座	内向星座
白羊座、双子座、狮子座、天秤座、射手座、水瓶座	金牛座、巨蟹座、处女座、天蝎座、摩羯座、双鱼座

另外，三种土象星座的人（金牛座、处女座和摩羯座）更能保持情绪稳定和心态平和；而三种水象星座的人（巨蟹座、天蝎座和双鱼座）则相对神经质一些，情绪和心态也更容易出现波动。

那么事实真的如此吗？艾森克决定做一个心理实验。

在被很多占星学家拒绝后，艾森克和著名的英国占星学家杰夫·梅奥联手做了一个人格调查问卷。梅奥几年前开办了一个占星学院，学生来自全世界。他们从中选择了2000多人自愿加入该调查，被调查者提供自己的出生日期，并且完成艾森克人格问卷。

结果让所有人大吃一惊：这些人的性格特征与星座的性格描述完全一致！

在占星术支持者的一片欢呼声中，艾森克却开始怀疑，他意识到他的样本选得有问题：他选择了一批对星座笃信不疑的人来做实验。用本书的话来说，这批人已经被安装进一个关于星座决定性格的心智模式，他们认为自己的性格是被出生那一刻天上星星的位置决定的。

有了这个想法，艾森克做了第二次实验：实验的对象是1000个孩子，他们几乎不可能听说过性格和星座之间的关系。这一次，调查结果有了颠覆性的变化：这些孩子在外向和神经质两个特质上的得分跟他们的星座没有任何相关性。也就是说，性格与星座毫无关系！

这个实验结果狠狠地打击了占星学界，他们原来认为艾森克是"占星学的代言人和保护神"，可他现在却突然倒戈一击。对此，占星学界给出了自己的解释：这些孩子没有成熟，还没有发展出他们所处星座赋予的性格。

针对这个解释，艾森克做了第三次实验：这一次他选择的调查对象是成人。这些调查对象对占星学的了解程度深浅不一。实验结果发现：如果调查对象很清楚星座对性格的影响，他们的问卷结果跟占星学传说就非常吻合；相反，如果调查对象对占星学没有太多了解，他们的问卷结果跟占星学传说就不那么一致了。

实验进行到这里，结论已经相当明确：人们会因为自己相信"星座性格"，就慢慢发展出那样的性格。星座—性格的心智模式不仅让他们看到那样的世界，也让他们相信那就是自己的性格，然后按照那样的性格来生活，最后真正成为星座描述的人。

简单来说，**人们真的会变成自己觉得"应该成为"的人**。心智模式对我们的改变实在太强大了。

看看下面这个星座描述，然后根据这个描述，给自己的匹配度打个分数（0~5分），0分为最不像，5分为最像。你会给自己打多少分？

你需要别人喜欢你和欣赏你，但你通常对自己要求苛刻。虽然你在个性上的确有一些弱点，但你通常能够设法加以弥补。你在某些方面的能力并没有得到充分的发挥，所以这些能力还未变成你的优势。从外表来看，你是一个讲求自律和自制的人，但内心却常常焦虑不安。有时候，你会强烈地怀疑自己是不是做出了正确的决定或正确的事情。

你倾向于让自己的生活有所改变和变得丰富多彩，在遇到约束和限制时你会感到不满。你很自豪自己是一个能够独立思考的人，如果没有令人满意的证据，你不会接受别人的观点和说法。不过，你也觉得在别人面前过于直言不讳并不是明智之举。有时候你很外向，比较容易亲近，也乐于与人交往，但有时候你却很内向，比较小心谨慎，而且沉默寡言。你有很多梦想，其中有一些看起来相当不切实际。

这是20世纪40年代末，心理学家伯特伦·弗瑞尔在他的心理学导论课上做的一个实验：他几天前在报摊随手拿到一本星座书，他从书中描述的10个不同的星座里摘出10句话，凑成了上面这段文字。他要求学生根据这个测试给自己打分，0分表示非常不准，而5分则表示非常准确。当年，87%的学生给出的是4~5分。很明显，学生被老师"算计"了，他们都是被自己的心智模式忽悠的人。

你看到的都只是你想看到的

你能读懂这段文字吗?

Aoccdrnig to rscheearch at an Elingsh uinervtisy, it deosn't mttaer in what oredr the ltteers in a word are, olny that the frist and lsat ltteres are at the rghit pcleas. The rset can be a toatl mses and you can still raed it wouthit a porbelm. This is bcuseae we do notraed ervey lteter by ilstef. But thf word as a whohe.

这段英文大致翻译为:

> 英格兰一所大学的研究表明,重要的并不在于一个词中字母的顺序,而在于第一个字母和最后一个字母要在正确的位置,而剩下的字母完全可以处于混乱的排列状态,但你依然可以容易地读出每个单词。这是由于我们不会一个字母一个字母地读,而是把每个单词作为一个整体来读。

有没有发现,你只需要看到一个单词的第一个和最后一个字母,你就会通过记忆自动地补上剩下的部分。比如:

R　d

结合上下文,你的大脑会自动补全为:

Read

你有没有发现,虽然我们的眼睛持续地在阅读,但是我们的大脑并没有加工所有的字母,我们只提取了前后两个字母,然后自己填补了其余部分。这就足以让我们顺利地阅读。这也是你背单词的时候,为什么很容易地就可以认出一个单词,却不一定能够写出来。

美国神经生理学家沃尔特·弗里曼发现,在这个过程中,由感觉刺激引起的神经活动在大脑皮层中消失了。这意味着我们的大脑从外界接收信息,然后又抛弃这些信息中的大部分,只使用其中一小部分来建立一个内心世界来代表外面的世界。这就**好像我们戴着一副看不见的眼镜在看世界,镜片过滤掉大部分信息,只保留很少一部分。我们通过自己的内心来填充这个空白,就像你自动填充字母一样。**

《周易·系辞上》说:"仁者见之谓之仁,知者见之谓之知,百姓日用而不知,故君子之道鲜矣。"简单地说,你永远只能看到真实世界中你想看到的那一部分。如果只看到了世界的一部分,我们又是如何处理这部分的呢?看看下面这个故事。

在一条狭窄的山路上,一个货车司机正在爬坡,他已经开了三个小时,有点昏昏欲睡。就要到坡顶的时候,忽然迎面来了一辆车,车上的司机伸出头来,伸手指了指他,并大喊一声:"猪!"呼的一声,两车擦肩而过。他的睡意一下子没有了,他马上伸出头,冲着那辆车的背影大声骂道:"你才是猪!你们全家都是猪!"他得意地回正坐好,看着前面的下坡路，天啊，一群猪！他刹车不及掉进了沟里。

对面的司机只是告诉他前面有猪，但固定思维的司机以为这是一句侮辱的话。

如果把人脑比作一台电脑，这个司机脑子里运转着自己内心的程序。所以，当他接收到"猪"这个信息的时候，这个程序自动地填充成"对面司机骂我是猪"。于是，司机迅速反应"你才是猪"，这让他失去了躲开危险的机会，其实别人的意思是"小心，前面有猪"。

为什么会这样？也许因为这个司机有过被骂的经历，也许在他的词汇库中，"猪"就是和骂人联系在一起的。总之，**我们按照过去的经验和记忆在大脑里构建了一个自己的世界**。

你有这样的体验吗？你有没有看到一件事情，然后马上反应，"哦，那一定是……"，事后才发现那是一个错误的看法，而你也因此失去了很多机会。那就是因为你的大脑构建了一个错误的世界模型。

我们用一个固定程序来处理进入大脑的信息，然后根据经验和记忆构建出一个假设的世界模型，之后再对这个假设的世界模型做出反应。简单地说，**我们给自己创造了一个世界模型，然后根据这个创造出来的世界生活**。这是我们大脑的工作原理。

在很多时候，我们能用这个方式来快速处理非常复杂的问题。比如，围棋高手根据经验和棋路（他自己构建的围棋模型）见招拆招。但是，有些时候，这个模型也会让我们犯一些明显的错误，比如"司机撞猪"。

有没有想过，为什么同一个班的学生收获却完全不同？为什么看同一本书的人会有不同的反应？为什么同样是一个机会，有人视而不见，有人却马上行动？为什么同卵双胞胎会有完全不同的命运？原因很简单，虽然同在一个世界，但是他们看到的世界是完全不一样的。

即使生活在一模一样的外界世界中，我们也会感受到完全不同的世界。从这个角度来说，你正在阅读世界上唯一的一本书，因为是我和你共同创造了这本书。这本书对你的意义是淡淡一笑还是改变命运，也在很大程度上由你决定。

我们戴着不同的"眼镜"过滤世界的大部分信息，又用我们的不同经验和记忆来解释这些信息，搭建起我们内心的世界，并以为那就是世界的真相。难怪《心经》会有"色即是空，空即是色"的说法。这句话用心智模型套用就是：一切你以为真实的事物，都是心智模型的计算，而一切心智模型对你来说都是实在的世界。

这几年，AR（增强现实）技术大热，你能在手机上下载很多有趣的相关App。你可以试试在知乎搜索"都有哪些好玩有用的AR技术"，体验一下这个技术。在AR技术的帮助下，你可以在手机上看到教室里升起的地球模型，看到空地上飞舞的龙；你甚至可以看房子、试衣服、进入博物馆；在超市拿起一个食品，你能看到旁边的电子标签，显示它有多少卡路里，来自什么地方……

所有的AR技术首先都需要一个摄像头来拍摄现实，然后通过一个数据库来为这个现实景象增加内容，而观看者则吃惊、大笑、尖叫……在增强现实的景象里，他们逐渐分不清真假。

科技虽然神奇，但在我们的大脑里，早就有了这项增强现实技术，我们往往把这称为每个人不同的"思维方式"或者"思维定式"。这副看不见的"眼镜"加上一套固定的"思维程序"所搭建的内在世界模型，就是我们的心智模式。

《第五项修炼》的作者彼得·圣吉说："心智模式是深植于我们心灵之中，关于我们自己、别人、组织以及世界每个层面的形象、假设和故事。就好像一块玻璃微妙地扭曲了我们的视野一样，心智模式也决定了我们对世界的看法。"

每一个人都戴着一副眼镜来看世界，然后用一套自己的程序来构建自己的世界，那么这本书的任务，就是帮助你细心打磨更好的镜片，升级更准确的程序。

在今天这个变幻莫测、充满不确定性的世界，我们最大的危险不是外界的压力与竞争，而是我们内心的模式。这些模式决定我们看到些什么、感受些什么、如何思考以及最终成为怎样的人。糟糕的心智模式就像一堵堵墙：我们亲手搬砖、垒砌，把自己围在里边——勤奋却低效，挣扎而无路可去。

这也是这本书尝试告诉你的东西：拆掉思维里的墙，改变我们的世界。

我们都是自己生命的"巫师"

如果性格可以改变,那么你的幸运程度如何呢?这种显而易见的外界因素,也受心智模式影响吗?

英国心理学家理查德·怀斯曼在他的《怪诞心理学》一书中,描述了一个他做的关于幸运和性格之间关系的实验:

我给那些自愿者每人发了一张报纸,请他们仔细看过后告诉我里面共有几张照片。其实,我还在这张报纸上为他们准备了一个赚钱的机会,不过我并没有告诉他们。在报纸的中间部位,我用半版的篇幅和超大的字体写了这么一句话:"如果你告诉研究人员看到了这句话,就能为自己赢得100英镑!"那些运气不佳的人完全把心思花在了清点照片的数量上,所以并没有发现这个赚钱的机会。与此相反,那些幸运儿显得非常放松,所以看到了报纸中间的大字,从而为自己赢得了100英镑。这个简单的实验表明,幸运的人总能够把握意想不到的机会,从而为自己带来好运。

事实上，那些安装了"幸运儿模式"的人，他们构建了一个充满机会的幸运世界，会更容易发现外界潜在的机会，而安装"倒霉蛋模式"的人则倾向于对机会视而不见，因为他们心中的模式没有"机会"这个东西。

这样一来，幸运儿反复印证自己的"幸运儿模式"，从而更加相信自己的"幸运世界"，而倒霉蛋则对自己的"倒霉世界"坚信不疑。你有没有在身边看到一些人好像总是带着天使的光环，一切都那么一帆风顺，另一些人仿佛天生晦气，八字不顺，喝凉水都塞牙？

这在很大程度上取决于，他们内心安装的是"幸运儿模式"还是"倒霉蛋模式"。

讲一个心理学笑话，不过在讲之前先扫一下盲。

心理咨询师常用一种墨迹实验来判断咨询者的内心世界（见下图）。这些图纸是把墨水甩在纸上，然后对折而成并挑选出来的。换而言之，图案本身没有任何意义。心理咨询师会把这些图片展示给咨询者，然后请他们回答看到了什么。根据他们的回答，咨询师来判断他们内心世界的焦虑程度。比如有人看到的是动物的尸体、死蝙蝠、撕开的熊皮、骷髅，这样的咨询者很有可能有自杀倾向。

好的,笑话开始了。

一个心理学家给咨询者看墨迹实验,问他看到了什么。咨询者看完第一张图片,说:"性。"看完第二张图片,他说"性"。看完第三张,他还是说"性"。接下来的10多张图片,他全部回答"性"。做完墨迹实验,心理学家很严肃地对咨询者说:"很抱歉,我恐怕你在性方面有一些问题。你过于关注性了。"这个咨询者很惊奇:"我简直不敢相信自己的耳朵!刚才是你拿着一沓色情图片来给我看的啊!"

仁者见仁,智者见智,淫者也见淫。如果你身边有一个朋友,不管什么东西他都能讲成黄色笑话,什么关系他都觉得暧昧,那么他的脑子里面肯定安装了一个"淫者见淫"的心智模式。

心智模式决定了我们能看到什么世界;更加好玩的是,这个自建的"真实世界"又反过来印证这个模式给我们看。根据以上结论,《周易》那句经典可以升级一下:"**仁者见仁而得仁,智者见智而得智。**"我们认为吃不到的葡萄是酸的,葡萄果然就是酸的;父母觉得孩子实在不怎么样,孩子果然坏得超乎你想象;你觉得"男人没有一个好东西",那么你就能遇到系列"海王"渣男。

这就像**自我实现的预言**:一个女人觉得丈夫有外遇(构建了一个丈夫出轨的世界模型),于是越想越觉得是,天天一跟二查三套话(仁者见仁)。半年下来,她的丈夫终于想通了:原来出不出轨,成本是一样的!反正家也不成家了,还不如找一个(求仁得仁)!于是预言果然实现了……

这种自我实现的心智模式也许还会让你想起"吸引力法则"

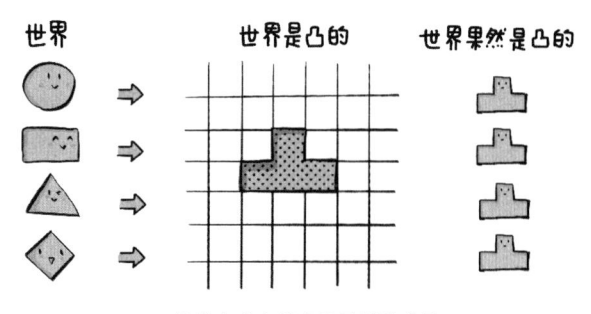

心智模式决定了我们看到的世界

"梦想成真"等心理法则。的确，心智模式是关于这类说法最好的心理学解释。

我们是怎样玩死自己的，又是怎样让自己慢慢靠近理想的？我们为自己构建了一个世界，然后反复强化，最终让我们相信这个世界就是我们构建的那样。从这个角度来说，**我们就是自己生命的"巫师"，我们给自己搭建了一个幻想世界，然后在现实中让这个幻想慢慢实现。**

你每天在给自己许下什么预言？

你脑子里的世界是什么样的？

那些比你更加幸福快乐的人，他们脑子里又安装着什么样的模式？

如果有机会，你可以跳出这个模式，安装上更好的心智模式，你会看到一个怎样的世界？

"思维里的墙"如何限制你

直到1954年,还没人敢想象在4分钟内能跑完一英里(约1600米),也没有人取得过这样的成绩。当时人们普遍认为,4分钟内跑完一英里超出了人类的极限。英国长跑者罗杰·班尼斯特说:"4分钟跑完一英里,是运动员和运动爱好者多年来谈论和梦想的目标。"班尼斯特写道,大家都"习惯于认为这是绝对不可能的,是人类达不到的"。不过,这与事实并不相符。就像以前水手所认为的,在地球尽头,水会像瀑布一样落下去,但这只是一个幻觉。

1954年5月,班尼斯特在牛津大学的跑道上突破了这一极限,用3分59.4秒的成绩跑完了一英里。两个月之后在芬兰,班尼斯特"神奇的一英里"被澳大利亚选手约翰·兰迪再次打破,他取得了3分58秒的成绩。在接下来的三年内,又有 16 名选手陆续打破了这个纪录。①

1954 年到底发生了什么？是人类的基因发生了突变，还是有什么科技突破？都不是，而是"人类不可能 4 分钟跑一英里"的极限被彻底打破了！新的思维方式解放了他们。人们一旦意识到一件事情是可能的，那么接下来的事情就只是技术和时间问题了。

那么班尼斯特是如何拆掉自己思维的障碍的？

首先，他确信在 4 分钟内跑完一英里是可以做到的。其次，作为牛津大学的医科学生和随后的神经内科医师，他采用科学的方法来训练。在训练中，当把跑步成绩缩短到每 1/4 英里（约 400 米）61 秒就一直停滞不前的时候，他意识到了自己心智模式的障碍。他出去徒步旅行和攀岩了几天，换了一个心智的"框框"，回来以后，他的训练成绩突破了 60 秒。

注意，我并不是说世界是完全可以随心改变的。如果我说，"只要你想，一分钟就能跑 4 英里"，那是疯话。人类的体能是有极限的，但是，这个极限远远比我们想象的要高。所以，我们必须找到内心世界中最柔软、可以改变的部分，然后通过思考和观察重新塑造我们更加喜欢的世界。

我很喜欢一段著名的祈祷词：

> 愿上帝赐我一个平静的心，去接纳我所不能改变的事物；赐我无限勇气，去改变那有可能改变的东西；并且赐我智慧去辨别这两者的差异。

---

① 节选自《超常思维的力量》，文字略有变动。杰里·温德，科林·克鲁克. 超常思维的力量[M]. 周晓林，译. 北京：中国人民大学出版社，2005.

这段祈祷词说的就是心智模式的智慧：找到我们内心世界中那些可以突破的地方去突破，找到那些不能突破的地方去接纳。

像当年的跑步者一样，你心中有没有自己世界的极限？有没有一些你认为不可能的事情，却在别人身上令人羡慕地发生了？那些人内心世界的极限，和你的有什么不同？有没有想过，真正限制我们的是我们思维里那堵看不见的墙？

为什么安妮总爱得病？

在一次企业内训中，我认识了安妮，她是这家著名信息技术企业的人事部经理。由于英语和法语的双语能力，她被调入欧洲区任职。作为未来全球化团队中的一员，安妮春风得意。

不过，安妮也有自己的职业发展担忧：她的身体一直不太好，她担心自己不能胜任海外的工作。她开玩笑地说，社会流行什么病，她就得什么病，比如，一旦办公室有人发烧，她就一定会被"传染"到。她应该抓住这个提升机会吗？这个困惑让她来到新精英生涯的课堂。

我对她说：冒昧地问一句，你是家里的老大吗？

她说：是的，我还有一个弟弟和一个妹妹，但是弟弟已经去世了。

我问：在你弟弟出生的时候，你是不是恰巧得了一场大病？

安妮说：好像是，我妈妈说过这件事。

我的心中暗暗一震，安妮的"病根儿"也许就在这里。

这是一个家庭系统中常见的故事：第一个孩子出生的时候，受到家里100%的关怀。后来她发现，随着妈妈肚子再次变大，大家对她的关注越来越少了。一直到第二个孩子出生，家里的重心全部转移，她就彻底输掉了这场爱的争夺战，深深地陷入一种被剥夺的情绪中。

聪明的父母一般会教长子长女如何去照顾弟弟妹妹，让他们重新感觉到自己的重要性。但是，恰巧在这个时候，安妮得了一场大病，第二天早上睁开眼睛的时候，她惊喜地发现，自己"失去的"爸爸、妈妈、爷爷、奶奶又重新回到了她的身边，他们正关切地看着她！

这一瞬间，你猜她学会了什么？她的潜意识里搭建出这样一个奇异的链接，这个链接慢慢发展为她一个重要的心智模式：

生病——被关爱

被关爱——生病

她的潜意识在说：如果你想被关爱，那就生病吧！

在我们接下来的回顾中，安妮突然意识到自己的恋爱史其实就是一段疾病斗争史：她从高中以来的各种大病、小病都考验着她的历届男友。她享受那种被男生小心翼翼地抱着从医院送到宿舍的感觉。终于有一天，她的怀特先生在她的病床旁感动了她，获得了她的永久看护权。

安妮的工作也是一场疾病史。她总是在公司最需要她支持的时候病倒，然后她坚持工作，终于感动团队和上司，给予她最后的推动力……

"如果你想被关爱，那就生病吧！"生病有这么多的好处，安妮自然义无反顾地一次次生病。安妮需要调整的不是身体，而是心智模式。过去生病也许有效，但今天成功又成熟的安妮，已经不需要通过生病来获得关爱了。

三个月后，我收到安妮从法国寄来的明信片，她说她已经进入了欧洲的团队，工作很愉快，也很喜欢巴黎的氛围，欧洲人生活起来随意，但是做事情非常细致。

她还说："我很健康。"

后来，我请教有医学专业背景的朋友，他们告诉我，有一种病叫作"心身疾病"或者"心理生理疾病"。此前的安妮很可能就是这样一位心身疾病患者。

什么是心身疾病呢？

一个人潜意识中未解决的心理冲突会诱发生理变化，一直到病变。简单地说，就是心病终须心药医，解铃还须系铃人。

思维撞墙，有时真的会反映到身体上。

为什么很多有钱人一点也不快乐?

张先生,中年富态男,他有一个那种你听过无数次的有钱人不快乐的故事。

20世纪90年代初,他下岗了,于是在家门口开了一个小店。用三年时间,这个小店慢慢地从零售店发展为小超市,后来他和朋友在新疆开了一段时间超市,据说非常赚钱。张先生赚到了他的第一桶金。2002年回到北京,正好赶上房价起来的那几年,他开始做建材生意。到今天他已身价几千万元。我们在一堂课上相遇。了解我的专业后,张先生问了我一个很俗又很牛的问题:为什么有钱人钱越来越多,但是却不快乐?

有钱人为什么不快乐,这是一个有趣的心智模式问题。

艾德里安·费恩海姆和迈克尔·阿盖尔合著的《金钱心理学》一书提出过金钱和幸福的关系,许多学者对金钱与幸福的关系进行了研究,大部分人认为两者的相关性约为0.25。

当收入很低的时候，人们对幸福的满意度确实很低，身无分文的人对幸福的满意度几乎趋于零。金钱与幸福的相关性在 0.25 之前成正比关系；在 0.25 以后，就基本上没有太多相关性了。通俗点说，从一无所有到小康这个阶段，你的幸福指数会噌的一下蹿上去；但是在 0.25 以后，你的金钱和幸福就基本上没有太多关系了，搞不好，它还会下降到 0.2、0.1 或者更低。这一现象在数学中被称作"金钱的边际效应递减"。

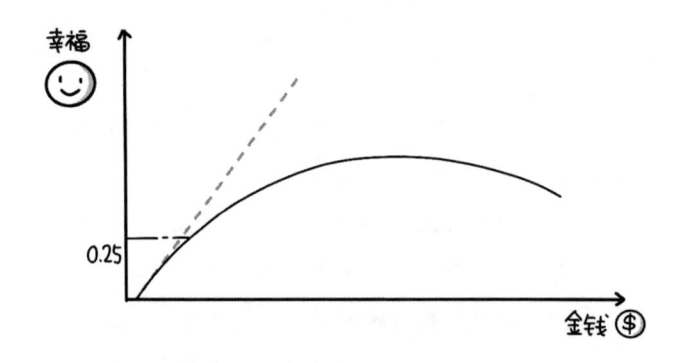

看看城市幸福感和 GDP（国内生产总值）的关系，也能看到这个现象。**国家统计局发布的 2020 年中国城市 GDP 排名前十名的城市为**：上海、北京、深圳、广州、重庆、苏州、成都、杭州、武汉、南京。

新华社《瞭望东方周刊》2020 年评出的中国最具幸福感的城市有：成都、杭州、宁波、广州、长沙、南京、郑州、西宁、青岛、西安（省会及计划单列市），以及温州、徐州、铜川、台州、泰州、珠海、佛山、威海、无锡、营口（地级市）。

简单对比一下就会发现，GDP 排名前十的城市里，除了广州、成都、南京、杭州四城,无一上榜,可见,幸福感与GDP排名并不直接相关。

回到本节开始的故事。张先生原来的状况,显然属于穷光蛋到小康的阶段,这个阶段的人对金钱的看法是怎样的?幸福度和金钱成正比,就是越有钱越快乐!

越有钱越快乐,一条"**金钱—幸福**"的链接就产生了。老张自然而然地认为:赚钱是快乐之本,如果不够幸福,那就多赚钱吧!这个推论随后被证明行之有效,并不断加强:他买了第一辆车奥拓,送孩子上学引来不少羡慕的眼光;他买了一套三居室的房子,冬天的晚上不用再去公共厕所了……

♡希望幸福 → ⑤赚钱 → 🎁获得幸福

金钱与幸福的成正比循环

2000年,老张的这个心智模式被强化得坚强无比,就好像脑门上打着荧光字幕:我能赚钱,我就能幸福!

但总有一天,老张会越过这个拐点,之后幸福和赚钱就关系不大了。所以,当老张从建材生意中赚到更多钱的时候,他发现自己不那么幸福了,甚至还有所倒退。这个时候的幸福感主要来自家庭、自我成长和对社会的奉献。但是,这个时候的老张会怎么想?

别忘了老张脑子里面运转的是"**有钱就幸福**"的心智模式,这个模式让他不会思考自己是该多回家陪老婆孩子,还是给自己办一张健身卡。他的反应是:不够幸福怎么办?赚更多的钱!

老张于是回家的次数更少了,安排的应酬更多了,也更加努

4 心智模式决定命运
143

力地去赚钱，更大把地往家里拿钱，可看到的却是老婆孩子更加冷漠的脸，他觉得自己越来越不幸福。像一个被吸进旋涡的人，他越努力，越往下沉。

外界环境已经变化，他的内部程序还依旧运行，这个曾经让自己幸福快乐的心智模式今天却正在毁灭自己。

☹ 不幸福 → 💲 赚钱 → 💔 更加远离幸福 → 👆 更加努力赚钱

金钱与幸福超过临界点之后的关系

如果不打断，这个死循环会像短路的电路板一样，老张的生命将迅速自毁。这就是有钱人越有钱越不快乐的原因。

老张听完我的解释，给我继续讲述他的故事：

和你说的一模一样，我就在那种状态里撑了三年，每天拼命干活，自己停不下来。有时候我都希望自己生一场大病，让自己休息几天。有一天我在酒桌上和一个甲方谈项目，突然急性胆囊炎发作被送进医院，然后马上手术，昏迷抢救了整整一天。接下来的一个多月不能吃任何东西，半年只能吃水煮青菜。医生说，如果你再晚送过来15分钟，就给你直接送火葬场啦。他们都觉得我是累倒的，其实我是心累，身体就有病了。

那一次生病后我彻底改变了。人都没有了，还要钱干什么？我把所有的生意都交给我弟弟。我一直想去住一段时间平房，中医也建议我接接地气。我请朋友帮忙租了一个院子，之后就带着家人住到了那里。小巷子开不进去车，于是车也丢到原来的家里。我每天什么也不干，就拿一杯水在路边晒晒太阳发发呆，晒够了就起来走走，看看路人，听听流水的声音，然后买菜回家，给家人做饭。一年过去，我的幸福又回来啦。

今天的老百姓看报纸，很难不被有钱人的贪婪震撼。我们能看到床底下放了3000万元现金的贪官，能看到包养着10个"二奶"，每年召开"二奶"代表大会的污吏。老百姓总是奇怪，这些人赚的钱几辈子都花不完，要那么多钱干什么？我想这个问题也许连他们自己也不明白，因为这是他们的心智模式在作怪。

这群人中不乏社会精英、高智商人士，他们冲不破"赚钱—幸福"的心智模式。在这个心智模式的推动下，他们的贪婪和空虚不可理喻地莫名生长，最终烧毁自己的生命。

老张"及时"生了一场大病，打破了自己的心智模式，重新找回幸福感。其实，我们完全可以用更小的代价来升级和替换自己的心智模式，这也是本书的目的。

每一个希望幸福的人，都应该重新审视自己的心智模式。因为心智模式是关于思维的思维，是关于智慧的智慧。

心智模式到底是什么？

心智模式是一套大脑内部程序

一部手机除了需要一套硬件，还需要一套软件（比如安卓系统或者苹果系统）。如果你的手机很好，却安装了一个很差的软件系统，效率肯定不会高；反过来，如果手机一般，却安装了一个强大的软件系统，也很容易死机。

我们的大脑就是这部手机，而心智模式就是软件系统。心理学家已经证明，人与人之间的智商差异并没有我们想象的那么大，世界上智商最高的人据说也只有228，大概是正常人的两倍。但是现实中人与人能力的差异何止两倍。与其说这是硬件（智商）的差距，不如说是软件（心智模式、思维模式）的不同。

看看我们大脑里面的模式是如何运作的？早上起来，你的大脑也就"开机"了，起床，伸懒腰，伸手摸眼镜戴上……这一切都不需要你的意识，就好像手机开机之后不需要你管，它会自动检查内存，指挥硬盘载入系统。然后你习惯性地洗脸，刷牙，吃早餐……这一切都下意识般地进行着。

直到一条新闻吸引了你的注意力：创业板股票持续下跌！此时你的大脑程序开始急速运作，你大脑里关于股票的所有事情都被翻了出来：最近自己想买一只股票就是这个板块的；唉，中国的创业大势还是不行，不知道地产板块怎么样；表弟最近创业不知道进行得怎么样了；现在不是都鼓励大学生创业吗，前几天我的同学拉我出去干，现在看起来还要等一段时间……

通俗地说，这个时候，你的大脑里闪过一堆意识流，就好像微信公众号的订阅列表一样陈列在你脑海里。你用独特的浏览方式挑选着自己最关注的信息，然后将它们加工、处理，得出你的结论：今天上班，拒绝朋友的创业邀请，然后把股票卖掉，未来考虑投资一下房地产吧。

想到这些，你很高兴地吃完早餐，然后起身出门上班。

不管你有没有察觉，你大脑这台手机里面的程序一直都在运转，有一些你察觉到了（比如对股票的思考），有一些你没有察觉（比如起床、吃早餐）。有些程序，已经编写很久了（比如伸懒腰，哺乳动物几乎都有的行为），深深刻在你的系统最深处；有些程序，编写的时间不长（比如，你前段时间才养成的吃早餐习惯）；还有一些程序，是你刚刚写出来的（比如，对股票的判断），你只能试试看——如果有效，那就存下来，如果无效，那就再调整。

我们就是这样和这个世界互动的。我们有一套称为本能的原始系统，在这套系统之上，我们通过学习和调整，发展出自己一套独特的对世界的假设、对外界的反应方式……这些假设和程序指挥着我们的每一个行动,只要你还活着,它们就不停地运转。就好像苹果或安卓系统一样,这些程序只有很少一部分会显示在屏幕(也就是你的意识)上,更多的程序是在系统的后台,也就是你的意识之外运转着。

优秀的人有一整套优化得非常好的后台程序,这些程序清晰、干净,不占内存,直指目标。正是因为这样的思想程序,他们总会有不同的思维模式,在压力面前有完全不同的心态,对事物有全新的看法,对同样的事情也有完全不同的结论。

人们总说优秀是一种习惯,其实优秀是一套心智模式。

心态来源于心智模式

再讲一个老土的成功学故事:

一个酗酒的父亲有两个双胞胎儿子,20年后一个成为成功人士,一个则穷困潦倒。记者分别采访他们:为什么过上今天这样的生活?他们的回答一模一样:"没办法,谁让我摊上这样一个父亲呢?"

这个故事的寓意谁都明白,前者心态很好,后者心态糟糕,所以一个成功,一个失败。但是以往的论述往往就停在了心态上。试问:为什么在同样的条件下,两个人心态却完全不一样?再说,失败者也不是没有挑战命运,只是最终被生活磨灭了,为什么成功者可以把一个好的心态保持20年?

心态的背后,这两个人更多的是心智模式的不同,即谁该为自己的幸福负主要责任。如果一个人认为：我要让自己幸福，我负主要责任，父亲是辅助的，那么他会想：现在父亲不如别人，我要和别人一样好，自己就要更加努力。这样的心智模式就会让他成为那个成功人士。如果一个人认为：自己幸福主要靠老爸提供，但老爸不好，我活得不好就是天经地义的，就应该心安理得。这样的心智模式就会让他成为那个穷困潦倒者。

对"我的幸福谁负责"的内在假设，导致两个人面对挫折的不同心态。认为对自己幸福负责的人，如果外界条件不好，自然会更加努力；如果外界条件好，也是踏踏实实的，心态自然好。而放弃自己幸福的人，则终日忧心忡忡，怨天尤人，心态肯定糟糕至极。可见，好坏心态的背后，是由对世界的不同假设决定的。

为什么你听了一场成功学讲座，激动得神魂颠倒，回家凉风一吹该怎么样还怎么样？因为心态是一种"态"，就好像水有液态、有气态一样。听课的时候温度上去，就像气态一样；回到家没有这个氛围了，就自动回归液态了。成功者的"态"你学会了，但是他背后的心智模式，你还是不懂。

数据是程序运算的结果，心态是心智模式运算的结果。**如果只学到结果，没学到算法，我们就只能永远抄答案。**

如果希望保持心态，就一定要明白心态背后的心智模式。从心智模式上来改变心态，是保持心态的秘密。你总会听到很多人说，很多东西都是互通的。也就是说，程序都一样，只是运转的内容不同而已。这个程序到底是什么呢？

心智模式就是关于知识的知识、关于智慧的智慧。齐白石说，学我者生，似我者死；我说，学心智生，学心态死。

每一种心智模式都有自己的局限

假设你在一家公司的某个部门,部门里有三个同事,由于人事调动,必须选择其中最好的一个当经理,而你总体考评排名第二。如果你很有上进心,且不准备跳槽,你会怎么选择?

选择1:尽一切努力,联合老三,PK掉老大。

选择2:搞臭老大,再搞臭老三,我不上你们也别想,大不了一起搞砸,上面派个空降兵过来。

选择3:支持老大上位,教育老三支持,搞好新的部门工作。

如果按照经济学假设,每一个人都是理性的,而且都希望获取最大价值,你应该选择哪一种?

第一,如果公司只有一个经理,且永远不换,你应该选择哪一种方法?

你应该选择第一种。因为公司资源有限,而且还是独占性的,一步慢就步步慢。如果你想获得最大利益,就应该用这种win-lose模式(也称为赢输模式)。

第二,如果公司只有一个经理,你觉得让谁做管理,境遇都比现在更差,你应该选择哪一种?

你应该选择第二种。因为资源有限,谁获得了都对你有害,不如大家都不要。这个时候应该采取的就是lose-lose模式(也称为双输模式)。

第三,如果公司未来有很多的职位空缺和机会,或者你的眼光不仅仅限于这家公司,你会选择哪一种?

你应该选择第三种。因为资源无穷大，如果现在你帮助老大上位，未来他很有可能帮助你上位去做另一个部门的经理。最关键的是，你的行动让整个公司、行业的人都看到了你的品行，他们都愿意和你玩这种win-win游戏（也称为双赢模式）。

现在的企业家张口必谈双赢、共赢，好像一切东西都可以共赢一样。其实共赢这个模式本身有着关键的外界假设，即世界有富足的资源来支持每一个人，同时双方需要有不止一次的交易。如果没有这两个条件，双输模式和赢输模式也许才是最好的选择。

比如，中国的很多民营企业和家族企业，奉行的还是"打板子＋愚民"的政策，它们既没有给员工发展提供更多的可能性，也不准备和员工分享资源。这样的企业内部提倡的共赢思想只是无源之水，根本不可能实现。中国人的心智模式更多倾向于谋略（赢输模式）而不是协作（双赢模式），也是这个道理。

美国就是个比较聪明的国家，在不断给全世界人民用双赢模式洗脑的同时，自己却在玩着三种模式切换的游戏。

石油资源是有限又独有的资源，所以美国对伊拉克哪里有共赢，恨不得一口吞下，用的是简单粗暴的赢输模式。

对于全球化核战，美国和俄罗斯都拿核弹头互相瞄着，人不发射，我不发射；人若发射，我必乱射！因为一旦失败，根本没有第二次交手的机会。

美国科学家联合会（FAS）和美国自然资源保护委员会（NRDC）统计了各国导弹头：核弹头拥有量最多的是俄罗斯，共计1.3万枚，其次是美国（9400枚）、法国（300枚）、中国（240枚）、英国（185枚）、以色列（80枚）、巴基斯坦（70~90枚）、印度（60~80枚）、朝鲜（最多10枚）。这些核弹头一共够毁灭世界

23次。这绝对是绑架全世界的双输模式。

在中美贸易战之前的30多年里,与中国的市场合作,让美国意识到巨大的潜力:中国是一个巨大的劳动力市场,未来是一个巨大的消费市场。这里面用得更多的就是双赢战略。

为了抑制中国的发展,近几年,美国开始打压中国的高科技企业。当然我们也没闲着,积极应对。今天的中美关系,就在赢输模式之间摇摆。

双赢不总是对的。每一个心智模式背后都有相应的对世界的假设,也有着相对的局限性。世界上根本不存在总是对的道理,当然,也包括我这句话本身。

有一次,在四川大学讲座,学生问我新人进入公司以后,应该培养创新思维对吗?我说,创新思维没有错,但是刚刚进入公司,先把眼前的事情做踏实了才是关键。先学习,后创新,不同阶段有不同的发展。

对兵卒说是许进不许退,但对大将就要讲懂进懂退。因为身份不同,思维方式也不同。

外界条件变化了,心智模式就要改变,思维方法也要变化。今天这个世界,唯一不会改变的就是改变。按照外界的条件变化,升级你的心智模式,就是这本书希望告诉你的知识。

心智无所谓对与错,但有成熟与否之分

到底什么样的模式是正确的?这让人想起了管理大师彼

得·圣吉讲过的一个故事。

在一个初春的日子，圣吉一行人到郊外划船。突然，一个年轻人掉进了水坝下冰冷的水中。没有人能游泳，大家只能惊恐地看着这个年轻人在瀑布下的涡流中挣扎。他尽力地向水的下游游动，逃离涡流，但无论他怎样挣扎，都无法逃离涡流，他在冰冷的水中耗尽了热量和体力，最后沉没。几秒钟后，他的尸体在下游十码（约9米）的地方浮了出来。"在他生命最后一刻尝试去做而徒劳无功的，水流却在他死亡之后几秒之内为他完成了。有讽刺意味的是，杀死他的正是他的奋力抗争。他不知道唯一有效的对策是与直觉相悖的，如果他顺着回流潜下，他应该可以保住性命。"换言之，他死于内心一个确定无疑的假定，一个他自己加给自己的"魔咒"：在漩涡里只要足够用力地游，就能游出漩涡之外。

向水的下游移动对吗？平时，是对的，但在漩涡里的时候，却不对。前面提到的"双赢"总是对的吗？总想着双赢，会让你在某些地方死得很惨。

我们奉为真理的一切思维模式都会有局限性。个人发展是一个自身不断成长、外界日新月异的领域，我们每天进入新的"漩涡"，却还以过去的方式"游泳"，最后必然会劳而无获。就像那个溺水者一样，我们很多时候往往不是不够努力，而是努力的方向就是错误的。

什么叫作心智成熟？《孙子兵法》曰："兵无常势，水无常形；能因敌变化而取胜者，谓之神。"

心智成熟的特点是：你拥有很多心智模式，熟悉每个心智模式的优点和限制，并随着环境娴熟地切换。不会在一个视角被卡

4 心智模式决定命运

死,也不会偏颇地看待问题,多种思维彼此参考,相互校准,你才会成为一个心智成熟、看问题全面的人。查理·芒格在《穷查理宝典》里提到的多元思维其实也是这个原理,他用100多个最重要的模型去交叉验证自己的投资决策。

看看一些常见的心智模式陷阱吧,你有没有深陷其中?

心智模式陷阱一:努力付出就一定有回报。

如果努力付出就一定有回报,那么和刘德华结婚的就不是朱丽倩,而应该是杨丽娟了。因为朱丽倩陪伴刘德华20年固然可敬,但是杨丽娟从16岁开始就追求刘德华,把老父亲逼得捐肾跳海,实属更加"努力"的"典范"。

如果你从天安门向正西走,希望去颐和园,你能到达吗?即使坚持到环绕地球一周也不能,因为颐和园在天安门的西北边。

选择不对,努力白费,方式错误的努力比不努力还要可怕。每个人都需要给自己未来一个大的方向。

心智模式陷阱二:每个人都要给自己做长远的职业规划,并且制订详细的计划。

今天的就业职位,有多少是你20年前从来没有听说过的?

今天你从事的行业,有多少是你20年前没有了解的?

美国人力资源管理协会(SHRM)2009年的年度报告指出,2010年最需要的10种职业,在2004年根本不存在。如果你在刚刚进入职场的时候就给自己确定了一个详细的职业规划,你觉得你会损失多少机会?

不仅个人,从企业的发展规划上,通用电气从来不主张做10~20年的长期业务规划,最多只做三年的业务规划。曾经有一位员工做了一份通用电气未来20年的销售预测,杰克·韦尔奇问他："你计划在毛里求斯销售多少？你知道毛里求斯在什么地方吗？"全球首个语音助理广告网络广告公司 VoiceLabs 的首席执行官亚当·马奇克说："对一生进行充分规划永远都是一个好想法，但一定要记得写下来的时候要用铅笔，而且手边还要有块橡皮。"

心智模式陷阱三：只要是金子，总是会发光的。

我们总在留言本或者酒桌上听到这样的励志言论，那么我想问：你说是蕴藏在地层里面的金子多，还是发掘出来的金子多？答案是蕴含在地层里面的金子多。世界上还有 60% 的金子没有被挖掘出来，因为在矿物质里面，在深埋的金矿里面，在合金里面都有金子。所以，你如果是金子，你的常态不是发光，而是不发光！千万别以为金子就要发光。

在黄金采选提炼过程中，不管是土矿提取还是沙矿提取，几乎都要经历以下几个步骤：首先在矿场将矿石挖掘出来，经过人工或者机器将矿石打成粉末，然后用水冲走表面的泥沙（黄金比泥沙重，用水冲洗能节约成本），只留下含有毛金的锌沙。过去我们的祖辈在没有大型机械和化工原料的支持下，只能使用水银来吸附锌沙里面的毛金，一般需要三五天时间。当存积的毛金达到七八百克时，再使用硫酸和硝酸烧煮，将毛金里面的杂质熔解。经过反复多次的烧煮，普通的毛金就逐渐被提炼成黄金，但这种提炼方式只能达到 95%~97% 的纯度。

如果你是金子，并且想要发光，那么首先你要提高自己的含金量。只有达到一定程度，你才会成为金矿。在你被挖掘出来后，你要经过痛苦的碾磨、冲刷、浸泡，把你身上的杂质（不好的习惯、污点）去掉。然后，还要成形，被打磨、抛光，最后才能成为很有价值的发光的金子!

如果你是金子,你要做的事情是找到让自己发光的方法。今天已经不是三顾茅庐的年代,今天的"诸葛亮"也需要视频号、公众号、B站、抖音主动发出声音,制造影响力。

心智模式陷阱四:一旦找到非常热爱的工作,我就绝不会像现在这样吊儿郎当的,我会全力以赴。

只有在确定自己有终身的热情后,你才会全力投入吗?祝贺你加入"不断换工作"和"永久焦虑"俱乐部。坐在我们的职业生涯课堂里的,大部分都是这样的人。

你有没有想过也许逻辑恰恰相反?只有全力投入的时候,你才会从工作中获得快乐。的确有一些工作会让你的兴趣持久一点,有一些工作会让你的兴趣短暂一些,但是你的吊儿郎当才是热爱的最大障碍。

以上这些心智模式陷阱,在过去的生活中都曾深深影响过我们,但是,在新的领域中,却把我们死死困住。它们让我们的能力隔绝,让我们劳而无获,让我们离自己想要的东西渐行渐远。

在今天这个高速发展、不断变化的世界里,手机App的升级是几天一次,但是对我们大脑心智模式的升级却很少发生。今天,你需要时时刻刻提醒自己,那些三年前帮助你成功的心智模式,也许正在阻碍你三年后的成功。

破除无效的心智模式,进入你自己希望的人生。

心智模式从何而来？

心智模式对我们那么重要，那么心智模式从何而来呢？
我列出了心智模式的三种来源：
- 自然世界——我们对外界的直接体验；
- 概念模式——我们从别人那里获得的对世界的间接体验；
- 推论和归纳——我们依靠推理形成的结论。

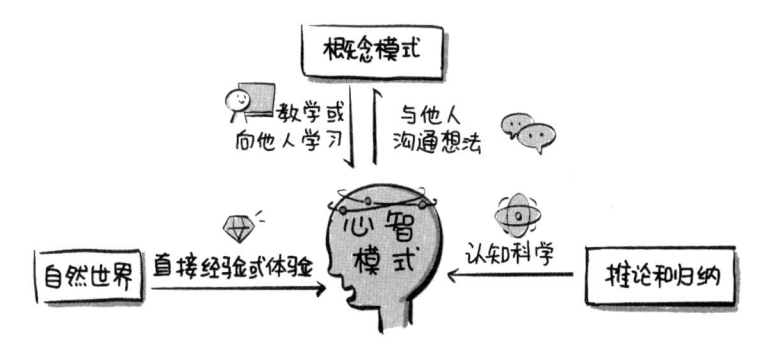

简单地说，我们自己的感官体验，我们从社会上获得的所有

信息，我们受的教育，还有我们自己思考的结果和过去的经历，都构成了我们的心智模式。

感官体验能形成心智模式。很多小时候被狗咬过的人，一辈子都会怕狗。即使小到只有拖鞋那么大的狗，他们也会害怕。而小时候被爸爸妈妈带着抚摸过动物的孩子，会对动物有安全感，他们觉得动物非常友善。

社会与文化教育也会对心智模式有影响。这就不难理解不同文化的人为什么会有完全不同的心智模式。

如果让你把"牛、草、猴子"三个事物凭第一感觉迅速分成两组，试试看，你会怎么分？

东方人倾向于选择"牛、草"一组，"猴子"一组，原因是"牛会吃草"；

美国人则更加倾向于选择"牛、猴子"一组，"草"一组，原因是前者"都是动物"。

东方人更加关注事物与事物之间的联系，美国人则更加关注事物的属性，这与二者所受的教育和所处的社会关系有关。我们东方人生活在一个强调人与人之间的关系的社会，讲究以和为贵，"枪打出头鸟"。西方人则更加崇尚个人独特的品质。不同的社会与教育形成了不同的心智模式，这两种不同的心智模式又在思想上影响着我们：东方的学问倾向于系统论、实用主义（比如中医、《易经》），西方人却更加专注于本质论与实证主义（比如哲学、科学）。

有类似经历的人，也有着类似的心智模式，比如当兵回来的人，性格较为刚直；同一个年代的人，沟通起来特别顺畅；生长于单亲家庭或者家庭暴力中的人，很多对自己的婚姻没有信心。这都是因为共同的经历让他们形成了类似的心智模式。

还有一种心智模式的形成与我们的推理有关。现在的独生子女从小就被父母、爷爷奶奶宠爱着，他们很容易产生这样的推论：不仅这个家庭，这个世界都是以我为中心的。带着这种自我中心的心智模式进入社会，往往需要吃几次大亏才能够调整过来。

我们过去的体验、经历、受到的教育和社会环境，决定了我们的心智模式，同时，我们的心智模式又在改变着我们未来的命运。这么说好像自己的一辈子都被安排好了一样，听起来真让人沮丧。事实不是这样的。虽然我们不能改变过去，却能改变对过去的看法，这才是心智模式的伟大之处。日本"经营之神"松下幸之助这样回忆自己取得成功的原因：

> 我获得成功，在很大程度上是因为受到了上天的眷顾，上天赐给我三个恩惠，让我受益无穷。
>
> 第一个恩惠，我家里很穷，穷到连饭都快吃不上了。托贫穷的福，我从小就尝到了擦皮鞋、卖报纸等辛苦劳动的滋味，并以此得到了宝贵的人生经验。
>
> 第二个恩惠，从一出生，我的身体就非常孱弱。托孱弱的福，我得到了锻炼身体的机会，这使得我到老年也能保持健康的身体。
>
> 最后一个恩惠，就是我文化水平低，因为我连小学都没毕业。托文化水平低的福，我向世上所有的人请教，从未怠慢过学习。

4　心智模式决定命运

穷困、孱弱和低学历的经历，被松下幸之助的心智模式构建成生命中受益无穷的恩惠。不管过去怎么样，我们完全有能力调整自己的心智模式，重新认识我们的过去，改变我们的未来。

升级心智，拆掉思维里的墙

从"不知不觉"到"先知先觉"

还记得电影《黑客帝国》的开头吗？尼奥（Neo）是怎么从原来的模式中觉醒的？他发现了现在世界的漏洞——重力原来是可以消失的，勺子是可以被弯曲的。这让他慢慢觉醒，变成了改变世界的救世主。

所以，你也需要一个机会，让自己意识到这个世界和你想象的不同，看到两个世界之间细小或者巨大的差异，比如那个撞猪的司机。你只有体验到差距，才会开始慢慢地对你想象的世界有所察觉，我们称为"后知后觉"。

这样的经历越来越多，你会越来越快地意识到这些差距。就好像冲破"4分钟一英里"模式的班尼斯特，在训练停滞不前的时候马上能够做出反应。这叫作"当知当觉"的醒觉。

最后你终于可以在事情发生之前，摘掉自己的固有模式"眼镜"，而挑选更好的模式来应对，这个时候称为"先知先觉"，你开始自我超越。

你有没有坐过火车？当从窗口看到对面火车动的那一瞬间，你是不是以为自己的火车走了（不知不觉——混沌）？而你转过头，看到另一侧窗口的站台并没有动，然后你知道，刚才的感觉是幻觉（后知后觉——察觉）。等到下一次看到对面火车动的时候，你能够马上意识到也许是它在动，而不是你自己这列火车在走（当知当觉——醒觉）。这样的经验多了，当你遇到类似情况的时候，你就会知道，一会儿对面车开的时候，也许会出现那个幻觉（先知先觉）。这个时候，你已经超越自己的心智模式了。

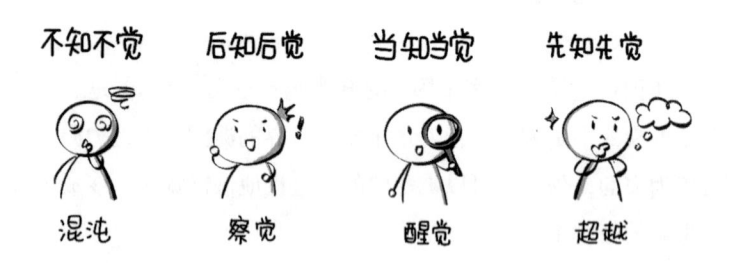

不知不觉	后知后觉	当知当觉	先知先觉
混沌	察觉	醒觉	超越

看到这里，你也许会问：道理我都认同，也明白心智模式的重要性了，但是该怎么改变旧有的心智模式呢？

坦率地讲，这个很难，也不是这本书所能交付的。

不过，一旦改变，收益也特别巨大，那将是脱胎换骨的进步。

你还记得开篇提到的"计划要定到足够小，小到不可能失败"吗？我也推荐你从用好"复盘"这个工具开始，慢慢来。

复盘的操作流程和使用契机

"复盘"本来是围棋术语。对弈之后，棋手们通常会把对局重演一遍，以此发现自己的错误，理解对手的思路，研究最妥善的走法。很多围棋高手都把"复盘"当作棋力精进的重要法门。

后来，联想创始人柳传志先生将"复盘"思想引入企业管理领域，并使其广为人知。柳传志曾说："在这些年的管理工作和自我成长中，'复盘'是最令我受益的方法之一。"

简单来说，复盘就是将做过的事重新推演，从中总结成功的经验，发现失败的教训。

很多人之所以没有长进，其实是在不断重复错误，不断掉进同一个"坑"。作为自我学习最重要的途径，复盘可以帮你克服自己的惯性。

让我们先回忆最近做过的一件事，然后跟着复盘流程一起复盘一下。

第一，回顾目标。

- 回忆下做这件事之前，你的目的或期望是什么？
- 这个目标设定得靠谱、精确吗？
- 有没有发生"目标损耗"？

这里所说的目标损耗是指，由于不愿承认计划和现实差距而产生的偷偷降低目标标准的行为，比如你计划背 100 个单词，实际只背了 50 个，你会安慰自己：这也不错啊。

第二，评估结果。

- 满分 100 分，你给自己打多少分？
- 和满分差了多少分？差在哪里？

- 如果能够再提高 10 分，你希望提高在哪里？

第三，分析原因。

情景再现，回顾事情的事前、事中、事后全流程，并分析成功或失败的关键原因。

- 可控的原因：有没有更好的做法？是不是已经全力以赴？
- 需要合作的原因：自己这部分做好了吗？需要合作的部分，是否为别人留出了足够的空间、时间和支持？
- 不可控的原因：是否充分沟通，及时跟进进度？有没有什么方式可以纳入控制？有没有控制风险？

第四，总结经验。

- 哪些事情应该坚持做，哪些应该马上停止？
- 哪些人、哪些行为的价值值得重新评估？
- 哪些事情可以做得更好？具体该如何做？
- 对整个事情背后的规律，你有什么新的认识？
- 有没有哪些"经验"其实只是假设？

实际上我们的很多行为，都是基于对事情的假设，比如，假设"努力"可以"成功"，所以拼命努力；假设"读书"可以增"智慧"，所以囤积书单；假设"小习惯"不会有很大效应，所以不关注。

一次次复盘，其实就是一次次自我升级"假设"的过程，假设变了，行为也会改变。所以，可以在"假设"升级的基础上，再制订下一步行动计划，来进一步巩固这种"新假设"带来的习惯。

复盘的感受越及时越好。对个体来说，"反思日记""三件事＋回顾"都讲究今日事今日"复"，是特别好的复盘习惯。

你有没有发现，复盘切入的其实是心智模式升级之路（混沌—察觉—醒觉—超越四个步骤）中的第二步。它就像一个楔子，让我们亲手将它楔入我们的日常：

- 帮我们从埋头做事的"混沌"中抽身而出；
- 让我们以一个旁观者的视角"察觉"自己做过的事，发现做得好的地方，发现有待改进的地方；
- 从成就中总结、优化，从失误中学习"醒觉"；
- 寻找更好的解决方案，调整更好的心态，从而实现自我"超越"。

《高效能人士的七个习惯》里说，任何一件事情，都需要经过两次创造，一次是在脑子里构思，一次是真正地做出来。

其实，一件事情可以经过三次创造，除了上面说的两次，还有一次就是复盘。复盘既是在重新理解过去，也是在酝酿未来。

比如阅历，不仅要经历，还要阅读；再比如经验，不仅经历，还要体验，但两者都别忘了复盘、复盘、复盘。

混沌—察觉—醒觉—超越四个步骤，是心智模式升级的必经之路。按照这个思路，本书提供了很多心智模式的描述，它们让你可以察觉到内心的模式。同时，在后面我还提到了很多形成更好心智模式的方法，它们能让你更好地停留在醒觉的状态，走上自我超越之路。

5 成功学不能学

人人都能成功？怎么可能

中古时期的炼金术士有一个梦想：他们认为世界上所有物质都是由炼金石与"世界之魂"（一说其实就是纯硫黄与水银）的不同配比构成的。由此推论，普通金属如果加入炼金石，就会变成金子。无数聪明人在这个领域花费了终生的时间，留下了数不清的典籍与传说，其中还包括伟大的牛顿公爵。

然而，几个世纪下来，却没有一个人成功地炼出金子。这些瓶瓶罐罐的研究倒是造就了最早的化学家。如你所见，alchemy（炼金术）和 chemistry（化学）有着相同的词根。

不知疲倦的炼金术士忽略了一个经济学常识：如果任何金属都能变成金子，那么金子还值钱吗？

同样的道理，我们身边充斥着类似"点石成金"的成功学故事。这些观点的主要论调就是"只要……就能……"，而你需要的就是不断地去做就好啦!

成功学故事中常见的论调有:成功不难,只要坚持做一件事情;只要努力,每个人都能成功;做得越好越成功。

如果只要坚持做,每一个人都能成功,钱越多的人越成功,那么当每个人都赚了5000万元的时候,只有赚到5亿元才算成功?如果每个人都赚到5亿元,是不是只有赚到50亿元才算成功?

读理工科的同学都学习过"正态分布"的概念。这个曲线告诉大家,无论在什么群体,随机变量的概率分布大多数都会停留在某一个值前后——离这个值越远,出现的概率越小。就人的长相来说,世界上长得吓人的人不多,长得完美的人也很少,长得一般的才是大多数。

说到成功也是如此:成功是一个小概率事件,混得太惨的人也不多,大部分人都过着既不太成功也不太失败的日子。

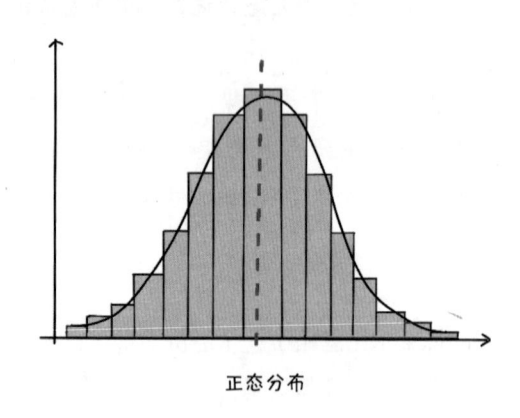

正态分布

我祈祷有那么一天,成功学的三大假设都梦想成真,我们每个人都成为成功人士，收入 5000 万元人民币。但是，还是有一小撮收入 5 万元的人和一群收入 5 亿元的人，他们分别被称为"失败人士"和"成功人士"。

既然成功永远是小概率事件，绝不可能人人都成功，那么那些成功学故事一定在哪儿搞错了。

成功学打假故事会：爱因斯坦、肯德基与盖茨

你可以轻松地在任何一本成功学的书刊里，找到与下文类似的励志故事。你有没有怀疑过它们的真实性？

套路一：完全瞎编——爱因斯坦的"第三个小板凳"[①]

你一定听过爱因斯坦和"第三个小板凳"的故事。这个故事曾入选小学语文课本。

> 爱因斯坦上小学的时候，不爱说话，同学认为他笨，老师也不喜欢他。
> 有一天早晨，大家都把自己的手工课作业交给了老师。老师

[①] 第三个小板凳只是一碗假鸡汤，爱因斯坦中学成绩被公布，是别人家的孩子[OL]. https://new.qq.com/omn/20201012/20201012A01Z4300.html. 爱因斯坦的传说：学习成绩差，动手能力差，数学差，是真的吗？[OL]. https://zhuanlan.zhihu.com/p/103479350.

从一大堆泥鸭子、布娃娃、木制品中，拿出一个很不像样的小板凳，生气地问："你们谁见过这么糟糕的小板凳？"孩子们都笑起来了，爱因斯坦却低下了头。老师看了他一眼，说："世界上还有比这更糟糕的小板凳吗？"爱因斯坦站了起来，小声说："有的。"

同学们惊奇地看着爱因斯坦，只见他从课本里拿出两个更不像样的小板凳，说："老师，这是我第一次和第二次做的，交给您的是我第三次做的。它虽然不好，但比这两个强一些。"老师看他这样努力，从此改变了对他的态度。

讲完这个故事之后，我们一般就要被教育：做人要诚实，另外，哪怕笨一点也没关系，大科学家爱因斯坦小时候也不是很聪明，但勤能补拙，只要努力就能成功……

事实上，除了中文世界有这个故事，有关爱因斯坦的各种传记、回忆录乃至德文网络世界中，都看不到"第三个小板凳"的相关记载。

其实，爱因斯坦从小动手能力很强，很小他就帮父亲的工厂解决技术问题，大学时代还将大部分时间用来做实验，和朋友合作申请了许多专利。瑞士的一份报纸曾公开了一份爱因斯坦上学时的成绩单：在当时的评分标准下，6分为最高分，1分为最低分。爱因斯坦的代数、几何、投影几何、物理、历史这5科全部得6分——这样的成绩，哪个同学敢笑他笨？

那么，"第三个小板凳"的故事为何广为流传？因为比起小时候聪明、长大了仍然聪明的故事，大家都更喜欢平凡少年一举成名天下知的传奇。

特别提醒：成功有风险，"相信"应谨慎。

套路二：半真半假——肯德基上校的1009次失败

如果要列出这类故事，我能拉出长长的单子，几乎要得罪一半听着成功学故事长大的人。所以我抓个重点，列举了这则经典的肯德基老爷爷创业的故事。

肯德基创始人桑德斯上校在65岁时仍身无分文且孑然一身。当他拿到生平第一张救济金支票且只有105美元时，内心实在是极度沮丧。他不怪这个社会，也未写信去骂国会，而是心平气和地自问："我到底能对人们做出何种贡献呢？我对社会有什么可以回馈的呢？"

随之，他便思量起自己的所有，试图找出可为之处……然后，他想到了。他挨家挨户地敲门，把这个想法告诉每家餐馆："我有一份上好的炸鸡秘方，如果你能采用，相信你的生意一定能火，而我希望能从你增加的营业额里抽成。"很多人都嘲笑他："得了吧，老家伙，你要是有这么好的秘方，干吗还穿着这么可笑的白色服装？"

这些话让桑德斯上校打退堂鼓了吗？丝毫没有，因为他还拥有天字第一号的成功秘方，我称其为"能力法则"（personal power，意思是"不懈地拿出行动"）：不管你做什么事，必须从中好好学习，找出下次能做得更好的方法。桑德斯上校确实奉行了这条法则。他从不为前一家餐馆的拒绝而懊恼，反而用心修正游说词，以更有效的方法去说服下一家餐馆。

桑德斯上校的点子最终被接受，你可知他先前被拒绝了多少次吗？整整1009次之后，他才听到了第一声"同意"。……

历经1009次的拒绝，忍受了整整两年。试问有多少人还能锲而不舍地继续下去呢？真的少之又少，也无怪乎世上只有一位桑德斯上校。我相信很难有几个人能受得了20次的拒绝，更遑论100次或1000次的拒绝。但这也就是成功的可贵之处。如果好好审视历史上那些成大功、立大业的人物，你就会发现他们都有一个共同点：从不轻易被"拒绝"打败；不达成理想、目标和心愿，他们就决不罢休。

我一直对这个故事有些腹诽，不知道1009这个精确得吓人的数字是怎么算出来的。销售这种事反反复复，一个人拒绝了又同意了，这算几次？你肯定说我是"杠精"，"白发三千丈"也不是一万米啊！其实数字不是这个故事的死穴，肯德基老爷爷的故事里，有自己打败自己的逻辑。

我从肯德基官网、维基百科和百度百科里找了很多资料，基本还原出他的创业生平：

桑德斯39岁开的炸鸡店，店面很小，一开始只有6个凳子。他没当过兵，"上校"是政府为了奖励他在饮食领域的贡献而授予他的称号。他的创业历程非常坎坷，尝试过连锁店、汽车旅馆，但全部失败，折腾了20多年，最后只留下一间小餐馆和一份炸鸡秘方。

1956年，肯德基老爷爷66岁时，这家炸鸡店也近乎破产，他只能靠每月105美元的救济金度日，但他并不沮丧，决心从头再来。4年后，肯德基有了4000家分店。

74岁那年，他把肯德基以200万美元卖给了29岁的年轻律师约翰·布朗和60岁的资本家杰克·麦塞。当时他们希望给上校一些股份，但被拒绝了。最后，公司以每年7.5万美元的终身年薪，让他成为肯德基广告的代言人。

7年后，肯德基以2.75亿美元卖给了下家，涨了137倍。

如果按照成功大师们所说，肯德基上校被拒绝了1009次、坚持了近20年的炸鸡秘方，是个人成功的秘密，那么在29岁的布朗律师手里待了7年就翻了137倍，我们是不是能够得出一个完全相反的成功秘密：成功的秘密在于不要像肯德基上校那么迂腐地坚持1009次，而是像布朗一样，年纪轻轻就找到一个有前途的项目，然后尽快脱手！

从一个故事里能够得出两个完全不同的结论，想成功的诸位，你要相信谁？

所以成功学的故事只是传奇，不是事实。

为什么那些成功大师要把故事改编成这个版本，我"不怀好意"地继续推测。

首先，即使没有"1009"，肯德基上校也是个牛人。5年能把4000家连锁店做出来，而且是一家家跑出来的，所以我很尊敬老爷子。他的故事框架是对的，但是"1009"和两年被拒的部分，是大师们偷偷塞进去的。就好像陈胜、吴广的鱼，鱼是河里捞出来的，但布是自己填进去用于大众洗脑的。①

其次，为什么要偷塞故事给大家洗脑呢？因为你一次次地坚

---

① 见《史记·陈涉世家》，原文为：乃丹书帛曰"陈胜王"，置人所罾鱼腹中。卒买鱼烹食，得鱼腹中书，固以怪之矣。又间令吴广之次所旁丛祠中，夜篝火，狐鸣呼曰"大楚兴，陈胜王"。卒皆夜惊恐。旦日，卒中往往语，皆指目陈胜。

持销售，碰了南墙也不回头，这显然对大师们有好处。其实一次销售成功与否和努力当然有关系，但和产品有没有关系？和大市场有没有关系？但大师不希望你想这些因素。

最后，为什么洗脑有效呢？因为这个故事在高潮的时候塞进了"肯德基"这个不可置疑的名词，你一看人家的营业额，大脑就自动照单全收，相信了。

成功学是传奇还是事实？你用尽全力模仿的那些故事，有多少是真实的？

再次特别提醒：成功有风险，"相信"应谨慎。

套路三：过度简化——比尔·盖茨的成功故事

模仿成功者就能成功，这是成功学的著名逻辑。

只有当你真正开始实践，才会发现很多东西是无法模仿的，这就是生活的逻辑。

> 有一天，乌鸦和猪一起坐飞机。猪听见头等舱的乌鸦对空姐说："小妞，过来，有酒吗？"在空姐有礼貌地拒绝以后，乌鸦大声说："连这个都没有开什么飞机？滚！"
>
> 猪觉得成功人士太牛了，猪也希望成功，于是他模仿乌鸦对空姐说："小妞，过来，有酒吗？"空姐同样很有礼貌地拒绝了。猪于是大声说："连这个都没有开什么飞机？滚！"
>
> 5分钟以后，飞机舱门打开，猪和乌鸦都被从5000米高空的飞机上扔了出去。这个时候，乌鸦对猪说："小样，我有翅膀，你有吗？"

我在很多地方见过讲职业规划的老师，他们向大学生听众讲述前世界首富比尔·盖茨的案例。大意就是，比尔·盖茨不也没有读完哈佛吗？为什么他可以退学，成为伟大的公司老总？同学们，文凭没有用！放弃这个东西，去做你喜欢的事情吧！

每次听到这些言论，我就脊背发凉。我不是反对大学生学习比尔·盖茨放弃学位去做那些伟大的事情，但是我希望他们先看完下面的故事。

下面的故事源自美国西北大学凯洛格商学院领导力与组织学教授兼社会学教授布赖恩·乌齐（Brian Uzzi）的文章。他的研究领域包括领导力、关系网络、决策和团队合作等。

在微软成为家喻户晓的品牌之前，它的创始人比尔·盖茨拥有的社会关系网中就有一个得天独厚的优势——他的母亲玛丽·盖茨。当时，她与IBM（国际商业机器公司）的高层管理者约翰·埃克斯是同一家慈善组织联合之道（United Way）的董事会成员，而埃克斯正在带领IBM向台式机业务进军。

有一次，玛丽·盖茨与埃克斯谈及计算机行业中新成立的一些公司，埃克斯认为它们无法与自己的传统合作伙伴匹敌，但玛丽认为 IBM 低估了这些新公司的实力。也许是她改变了埃克斯在 IBM 应该向谁采购其个人计算机 DOS 操作系统这个问题上的看法，也许是她的观点印证了埃克斯已经知晓的情况，但不管当时的实际情况到底是哪一种，反正在他俩这一席话之后，埃克斯同意考虑小公司提供的 DOS 技术方案，微软公司就是其中一员。接下来发生的事情就尽人皆知了：微软赢得了 DOS 合同，并最终取代 IBM 成为全球最强大的计算机公司。如果比尔·盖茨没有强大的社会关系网络，这个轰动一时的新操作系统也许就会被埋没，像威廉·道斯一样变得默默无闻。[1]

比尔·盖茨为什么能够从哈佛退学？首先，他有一个衣食无忧，不需要自己支持的富裕家庭，父亲是著名律师，母亲是富裕银行家的女儿。在他 7 年级（相当于初一）的时候，他的父母让他从公立学校转学，送他到湖滨学校，这是一所西雅图昂贵的私立中学。第二年，学校花 3000 美元购置了 ASR-33，这是当时第一批能够接入分时系统编程的机器。这让比尔·盖茨在 13 岁就成为世界上最早接触计算机编程的一群人。这个年纪的他没有家庭负担，美国的福利保障又好，这让他在生计方面没有什么好担心的。

其次，当时的大学没有他需要的科目。比尔·盖茨的专注领

---

[1] 还有一种说法是，玛丽·盖茨是 IBM 的董事会成员。我想这个有点不靠谱，因为美国的很多采购活动是有避嫌的问题的。

5 成功学不能学

域是计算机而非法律,那个时候的哈佛大学没有计算机系,而痴迷编程的他就是世界上最好的程序员之一。

最后,也是最关键的是,比尔·盖茨有一个强大的家庭关系网络,帮助他与资源平台建立连接,让他能与世界上最好的硬件公司建立连接。否则,这个年纪轻轻、不打领带的哈佛退学生不仅不能和 IBM 签订合同,甚至连 IBM 的大门都有可能进不去。

在上述条件都满足以后,关于商业眼光和技术的比赛才真正开始。

如果今天的你还有家庭负担,毕业工资不稳定,福利保险一个也没有,创业还需要场地,家里没有关系网络,你当然也可能成功,但是请不要模仿比尔·盖茨——"我有翅膀,你有吗?"

谁说坚持一定会成功？

"坚持一定会成功！付出一定会有收获！"我见过两万人一起喊这句口号。当然，两万人一起喊不能证明这句话就是对的。

我"不怀好意"地列举了一些坚持也未必成功、付出也没有收获的故事。

> 释迦牟尼原来是印度的一个王子，住在宫殿时，父亲疼爱，人民爱戴。19岁时，有感于人世间生、老、病、死等诸多苦恼，他决定舍弃王族生活，出家修行，最终创立了影响人类社会数千年的佛教。

如果释迦牟尼一直待在王宫，以他的福缘与智慧，是不是能成为一个不错的国王，然后娶很多美丽的公主，再生很多胖乎乎的"阿哥"？

> 周树人在日本学医的时候痛彻地领悟到，拯救灵魂远远比拯救身体重要。虽然医学即将学成，但他决定放弃，从此回国从文，成为一代文豪。

如果周医生坚持学医,以他的深刻与正直,是不是能够成为那个年代中国最好而且绝不收红包的外科大夫?

但是,他们都放弃了:一个成了释迦牟尼,一个成了鲁迅。

坚持不等于成功,坚持只是成功的必要工具之一,放弃也是成功的必要工具。正如我们要修理一辆汽车,你会坚持只用扳手,不用螺丝刀吗?我们既可以用扳手,也可以用螺丝刀,关键的问题是,把车修好。

同理,**坚持或放弃都是达到目标价值的手段,看清楚成功背后的东西才是最关键的**。释迦牟尼放弃王位,坚持了智慧;鲁迅放弃医学,坚持了用文字救国。他们可以安然地放弃,投入更好的方式,是因为**他们知道自己坚持的是结果,放弃的是方式**。

有一个痴情的年轻人,每天到公司楼下等他喜欢的女孩下班。这样坚持了半年,对方不仅毫不动心,而且好像还越来越不给他好脸色。他很苦恼,过来找我。

我问他:"你能去公司楼下坚持半年,你不是凡人啊。你这么坚持,希望的结果是什么?"

"我希望打动她。"

"有效吗?"

"没有,她没什么感觉。"他挠挠头回想,"而且她还有点尴尬,因为有的同事老笑话她。但是我相信,如果我坚持下去,一定能够打动她的。"

这种人就是爱情小说看多了,而爱情小说就是谈恋爱里的成功学。

"你用一个方式尝试了半年,都没有达到效果。你坚持的是等她还是打动她?等她下班只是打动她的一个方式,如果这个方式不奏效,就换另一种更加奏效的方式,这才能打动她啊。"

半个月以后,他发信息告诉我,他开始用电子邮件和那个女孩交流,那个内向的女孩很欣赏他的文字,现在他们已经开心地在一起了。

大部分的矛盾与冲突,就是因为双方都在坚持自己的形式,而不是结果,打着爱的旗号来伤人,而且还坚持不懈。佛教里讲的"三毒"(贪、嗔、痴)之一的"痴",就是指这种执着于形式而不是结果的行为。

你今天这样苦苦地坚持,这种坚持背后是在坚持结果,还只是在坚持方式?

名人成名,他原来是10分,现在是100分,中间下了不少功夫,但是这样的故事既不好看也不励志,因为太复杂了,谁能学会?所以,名人故事一般告诉你,他原来是1分,现在是1000分,中间只做了一件事情,比如,"坚持一定会成功!付出一定会有收获!""不忘初心!胸怀梦想!""反复去做,就成了"。这样的故事既好看又励志,读起来还简单,甚至很爽,但是真能学会吗?在我看来,这个世界上没有人可以只依靠从众而成功,也没有人的成功可以复制。

成功，就是越走越近

坐在一所著名大学的商学院咖啡厅休息，我听到旁边这样的对话：
"你现在这么累，到底为了什么？"
"为了把公司做起来。"
"然后呢？"
"然后可以做大啊！"
"再然后呢？"
"然后争取个投资，可以迅速地上市，圈到更多的钱。"
"然后呢？"
"然后可以做得更大啊，到时候做什么都可以了。"
……

对话的两个人显然都有点尴尬，心照不宣地换了话题。事实上，很多公司和很多人就是在这样的"大、更大、再大"的目标下，一天又一天地忙碌着，直到有一天被一个"更更大"的目标打败。

金庸小说里有一个人物叫"独孤求败"，他非常成功地击败了一个又一个对手，一直保持成功。终于有一天，他打败了所有的高手和高高手，用我们现在的话来说，他彻底成功啦！

独孤求败理论上应该很开心，但是他开始郁闷，因为他需要一个高高高手，让他失败一次，那将会是他下一次成功的开始。但是这样的人还没有生出来呢！

只有打败对手，才叫成功，而独孤求败没有对手，所以他最后郁郁而终。

你说，这样的人算是成功还是失败？

如果他在五月流浪到江南，遇到当年败在自己手下的剑客，正在河堤边带着孩子快乐地玩耍，不知道他会做何感想？

他会不会想，花了这么多年时间等待失败，本身就是一个失败？

什么是成功？说到成功，你会想到什么？你会想到首席执行官、创业上市、有房有车，还是一呼百应的领导力？

作为一个前GRE的词汇教师，我认为大部分人误读了success（成功）的意义。从词源来说，success这个词来自中古英语"succeden"，前面是拉丁文前缀"*suc*"，代表"靠近，接近"，后面是一个代表"走"的词根"cess"。所以success这个词的本义不像今天我们理解的那样：有钱、超过别人或者最终达成一件事情，这些都不是成功的真正意义。

成功的真正意义应该是：越走越近。这是我听过的对成功最好的解释。

你应该如何定义成功？有人说，成功就是赚到1000万。1000万是一个很好的成功标志之一，却一定不是成功本身。

不信，你问问他，赚到1000万你会做什么？他会说买房、买车。

你可以继续问他,如果买到了车子和房子,这些背后的意义是什么?他会说"这会让我的家人快乐"。

如果再问,让你的家人很快乐,这背后的意义又是什么?他会告诉你,"我会觉得自己是一个有担当的人"。

让自己成为一个有担当的人,这才是成功的真正目标,1000万只是让他离这个真正目标越走越近。

什么是你人生的真正目标?就是那些随着外界环境的改变而你不会改变的目标。你可以试着问自己下面这个问题,来判断你有没有找到人生的真正目标:

如果突然落到荒岛,我是不是还会追求现在设定的目标?

这个时候,你还会设定那1000万、首席执行官的目标吗?也许不会,但是在荒岛上,你也许会依然追求让自己成为一个对自己负责任的人,或者你希望获得认同,或者你希望可以掌控生命,这些才是你不会改变的成功目标。

在电影《荒岛余生》中,汤姆·汉克斯扮演的查克身为联邦快递的系统工程师,在飞机失事后掉落到一个小岛上。当社会、身份、爱情全部远离,他尝试逃离这个小岛,但是潮水一次次地把他冲回来。

他对自己说:"我不能停止呼吸,因为明天,当太阳升起来,谁知道潮水能带来什么?"("I have got to keep breathing. Because tomorrow, the sun will rise. Who knows what the tide could bring?")

这是我最喜欢的一句台词,我被这种对希望的执着深深地感动。查克在小岛上有没有成功？他获得了前所未有的成功！即使命运用最大的力量扼住了他的咽喉，他也告诉自己：只要你还在保持呼吸，那就是一种成功，"因为明天，当太阳升起来，谁知道潮水能带来什么"。

每一个呼吸之间，查克的目标都越来越近，难道这不是最好的成功？

如果把赚到100万当作成功，你现在有没有成功？如果没有，那你会不会以后一定成功？不好说，收入会变化，行业会动荡，房价会上涨，这一切不可控因素都将你的成功置于深深的不确定性中。

如果把公司上市作为创业成功的定义，你现在有没有成功？如果没有，你的公司以后会不会一定成功？不一定。我们都知道创业除了要有能力还要有运气，以及很多相关因素，有一些公司甚至不适合上市。即使上市了，会不会退市？会不会发生金融危机？

如果只是把结婚当成恋爱的成功，你会不会成功？这一次你倒是可以"成功"一下，结婚证从2015年开始，工本费都给免了，不花钱就实现了"成功"。可惜，你"成功"了以后，如果面对的是一个不爱你的人，这种成功又有什么用呢？

当你把成功定义为"成为一个有担当的人"，你会不会更加成功？你可以在赚到1万的时候担负1万的责任，赚到100万的时候担负100万的责任，只要你勇于承担自己可以承担的，你就会越来越靠近成功，你就一直都很成功。这个想法会不会让你离成功更近？

如果把不断奋斗、挑战自己作为成功的定义，你会不会更加成功？只要你还在努力，还在越走越近，你就是一个成功人士,而且你会一直享受这种越走越近的快乐。

如果把爱与支持你的另一半作为成功的定义,你会不会更加成功?只要你每天都在关注和支持对方,每天都在构建更加亲密无间的信任,你就是在成功的爱情中。这个想法会不会让你更快乐?

我遇到过一个自卑的大学生,他觉得自己口语不好,他觉得只有说一口流利的口语才能够获得快乐和自信,我告诉他:"不是说一口流利的英语才算成功,才可以获得快乐和自信。你为什么不尝试快乐和自信地学习说一口流利的英语呢?是痛苦地学习,希望可以获得流利的口语学得快,还是自信快乐地学习英语学得快?"

当把成功的定义放在外界,你会让自己陷入一种不可控的焦虑,一种获得前恐惧、获得后空虚的生活中。**你的天花板是别人的地板,而你总在向上看,从来没有留意过窗边的风景。**

只有把成功的定义放在内心,你才能够真正获得可以掌控的幸福,获得那种贯彻始终的幸福生活;你才可以安心地靠着窗口看看风景,然后更快上楼。

回顾你的生命,那些让你最幸福、最快乐的时刻,是不是都来自生命的底层?那些最艰辛的日子你默默地坚持,那些黑暗的日子你的眼睛里闪烁着理想之光。回顾过去,那是你生命中一无所有的时刻,也是你生命中走得最快的时刻,而成功则是越走越近。

很多人喜欢《当幸福来敲门》这部电影,有人喜欢克里斯·加德约最终成为经纪人的那段剧情,有人喜欢他在出租车上玩魔方获得工作的那段剧情,而我最喜欢的却是他带着儿子挤在地铁站的厕所里过夜的那段剧情。被房东赶出来的父子俩被迫流浪到地铁站，父亲踢开一个厕所的门，哄着儿子入睡，然后顶着厕所的门，翻开书。他的脸上满是坚定，他告诉儿子：

如果你有梦想，就要去捍卫它。当别人做不到的时候，他们就是想要告诉你，你也不能。如果你想要些什么，就得去努力争取。就这样。(You got a dream, you gotta protect it. People can't do something themselves, they wanna tell you you can't do it.If you want something, go get it. Period.)

如果你有一个梦想，那就去捍卫它；如果你有一个目标，那就去争取它。行动起来！当你走在人生之路上，没有必要去羡慕那些走在高处的人，也没有必要轻视那些走在你后面的人，因为成功不是生命的高度，而是生命的速度，成功在你此刻的脚下，成功就是越走越近。

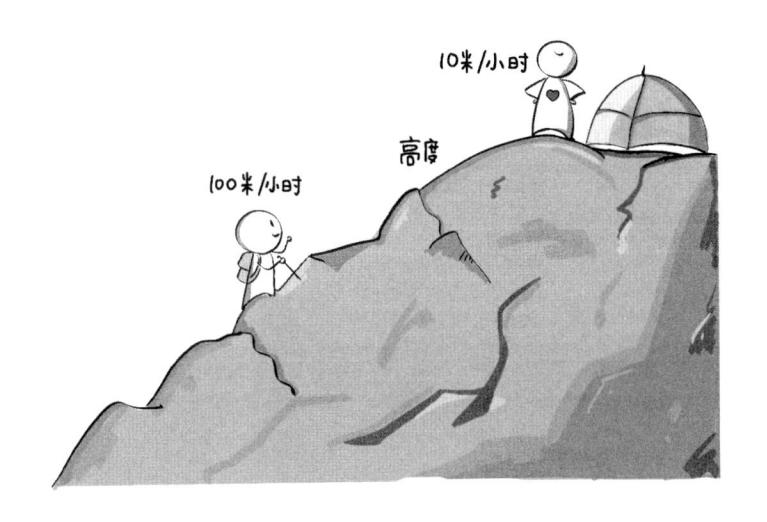

疲惫了，那就歇息。

苦恼了，那就哭泣。

快乐了，那就小小地忘乎所以。

只要你继续前行，你就在成功。因为成功不在前方，成功就在当下，成功就是越走越近。

对自己说：成功就是越走越近，我现在就很成功。

最后附赠一个小贴士，我列举了一些关于成功的定义，你喜欢哪一种？

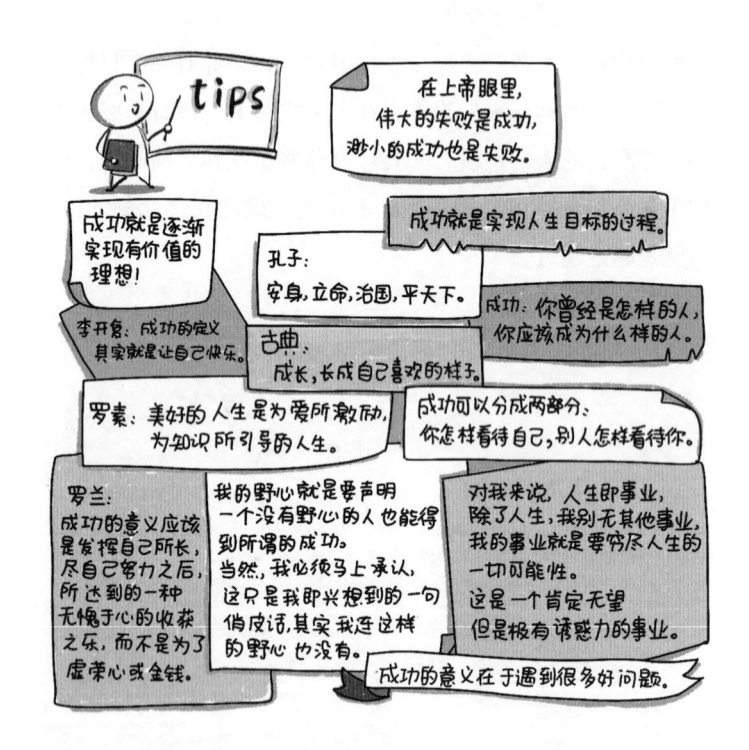

tips

在上帝眼里，伟大的失败是成功，渺小的成功也是失败。

成功就是逐渐实现有价值的理想！

成功就是实现人生目标的过程。

孔子：
安身，立命，治国，平天下。

李开复：成功的定义其实就是让自己快乐。

成功：你曾经是怎样的人，你应该成为什么样的人。

古典：
成长，长成自己喜欢的样子。

罗素：美好的人生是为爱所激励，为知识所引导的人生。

成功可以分成两部分：
你怎样看待自己，别人怎样看待你。

罗兰：
成功的意义应该是发挥自己所长，尽自己努力之后，所达到的一种无愧于心的收获之乐，而不是为了虚荣心或金钱。

我的野心就是要声明一个没有野心的人也能得到所谓的成功。当然，我必须马上承认，这只是我即兴想到的一句俏皮话，其实我连这样的野心也没有。

对我来说，人生即事业，除了人生，我别无其他事业。我的事业就是穷尽人生的一切可能性。
这是一个肯定无望但是极有诱惑力的事业。

成功的意义在于遇到很多好问题。

6 如何找到热衷一生的事业

不要和只要结婚的人谈恋爱

"我只和要结婚的人谈恋爱!"

米沙尔是我的好朋友,她有一个原则,就是自己的第一个男友应该是自己的丈夫。我告诉她,这样的选择方式只能遇到三种男人:天真到认为可以一见钟情的小男生,觉得结婚就行的老男人,以及觉得反正承诺又不上税的"大忽悠"。

三年过去,她跑来告诉我:"你完全说对了!我这三年就是遇到了三个和你说的一模一样的人!只是顺序不同而已!你会算命吗?"

我反问米沙尔,如果你是公司老板,你只允许和你签终身合同的人进入公司,那你会招来些什么人?

米沙尔说,如果那样,也许只有三种人会来应聘:

- 天真懵懂,刚刚毕业,觉得自己会在一家公司干一辈子的员工;
- 身心疲惫,希望随便找一家公司干下去的"老油条";

- 觉得可以先干着，大不了付点违约金的员工。

米沙尔说完恍然大悟。

我不会算命，我只是很熟悉米沙尔的心智模式。一个程序员敲下回车键，然后徐徐起身去泡咖啡，他不需要盯着屏幕，就已经知道程序运行的最后结果。有经验的人力资源在面试者进来的3分钟内，就已经可以判断要不要你，因为他在这3分钟内已经了解了你的心智模式。心智模式一旦启动，你几乎就可以预见它的结果。

抱着"只和打算结婚的人谈恋爱"的想法的人和"我只选择做要从事一辈子的工作"的心智模式一样：一旦启动，结果一定就是没恋爱或无工作。因为你的选择规则本身就把候选人删除了！

看看下面这则故事：

有一个虔诚的基督徒，他每天走进教堂都对上帝祈祷："主啊，我是一个好的基督徒，我这辈子从来没有做过坏事。我只有一个愿望，希望你让我中一张彩票吧！"他在活着的时候天天这样祈祷，但始终一无所获。

死后他见到上帝，很生气地质问上帝："为什么我这么虔诚地祈祷，你却从来不帮我？"

上帝无奈地说："我愿意帮你，但你至少先买一张彩票吧？"

这个故事告诉我们：如果你只有确定能够中奖才去买彩票，上帝也帮不到你！同样的道理，如果你只有确定了一个所谓的终身事业才开始投入，你永远找不到自己的目标。

尝试总是要冒险的，而不尝试是最大的冒险。

职业选择的一见钟情、两情相悦和白头偕老

很多人有这样的想法："一旦我发现了真正想做的事情，就会全力以赴地投入，不会像现在这样吊儿郎当的。"

自打去年从一家民企辞职，安静还是提不起精神开始下一份工作。她在家的这一年，也有进入其他公司的机会，但是她觉得那不是她特别喜欢的，所以都拒绝了。做了两年会计工作，她深深体会到干不喜欢的工作的痛苦，她希望选择一个真正有热情、可以做一辈子的工作。

一年多下来，安静待在家里，看着原来同事有的升职，有的跳槽，有的改行去做自己喜欢的工作，她却越来越消沉。妈妈很着急地问她："你到底喜欢什么？"

安静说自己也不知道，但是她说："一旦我发现了真正想做的事情，我就会全力以赴地投入，不会像现在这样吊儿郎当的！"一直到今天，她还在等待。她很困惑，她只是想找一个喜欢的工作，这有错吗？

我们身上有没有安静的影子？我们希望遇到自己真正感兴趣的工作，但是却不愿意做一些尝试。我们被过往的痛苦工作经历吓怕了，或者看了太多职业发展的书，那些书都是为了告诉你一个道理：世界上一定有你最感兴趣的工作，你如果找不到它们，哼！你就死定了！

于是你开始寻找这个"Mr Right"（最感兴趣的工作）：你做了无数次测评，每一个都似是而非；你问了很多人，每一个人都各持己见；你越来越困惑，最后你决定等待一个一辈子的兴趣出现，然后再开始全力以赴，这样不至于浪费自己的时间……你开始希望先中大奖，再买彩票。可是，我说过了，这样上帝也帮不了你。

相信你一定认同，只有找到一份符合自己深层志趣的工作才是你真正适合的工作，但是一个可以持续一辈子的兴趣是如何产生的？我们来谈谈这个话题。

兴趣有三种境界：兴趣、乐趣和志趣。

兴趣是让你好奇的东西，让你觉得可以尝试一下。兴趣被快乐强化以后，就会成为乐趣。乐趣会让你乐在其中，也会让你可以快乐地融入其中。志趣会让你在快乐中找到自己的价值，让你觉得可以投入一辈子。

还是用恋爱来打比方。恋爱有三种境界：一见钟情、两情相悦和白头偕老。**你需要一见钟情很多人，两情相悦一些人，然后才会白头偕老一个人。**

所以最好的方式是：年轻的时候你可以一见钟情，到了一定年龄你就该两情相悦，然后选择和一个人白头偕老。

最糟糕的方式莫过于：年轻的时候，你遇见谁都想白头偕老；年老的时候，你还是看到谁都一见钟情。

职业选择也一样。刚入职场头 3 年，你应该凭着好奇尽可能多地尝试和体验一些工作；进入职场 3~5 年，慢慢地锁定能给自己带来乐趣的几个工作；30 岁前后，决心专注投资其中一个，并全力以赴投入做个 5~10 年。

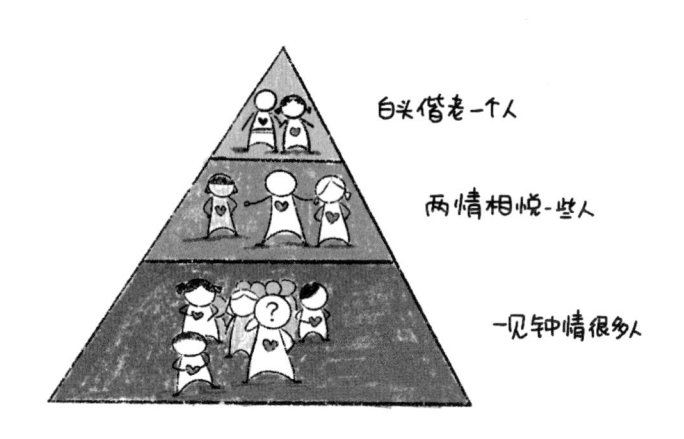

[图：金字塔 - 白头偕老一个人 / 两情相悦一些人 / 一见钟情很多人]

最糟糕的情况是：年轻时，你看到什么都想做一辈子；老了老了，还是什么都只能做一阵子。

如何做出不后悔的职业选择

> 后来，我总算学会了如何去爱，
> 可惜你早已远去，消失在人海。
> 后来，终于在眼泪中明白，
> 有些人一旦错过就不再……

这是一首暴露年龄的老歌——刘若英的《后来》。她唱得对，无论是感情的选择还是职业的抉择，我们总是等到明白最好的选择，却发现这个选择"一旦错过就不再"。这真让人眼泪汪汪。一句话，我们都很容易陷入"后来"模式。

据说下面这则故事是苏格拉底和柏拉图的故事。

柏拉图问老师，什么是爱情？苏格拉底没有回答，以一

6 如何找到热衷一生的事业

个哲人独有的狡黠给柏拉图布置了一个任务：看到那片麦田了吗？从里面摘出一颗最大、最好的麦穗，但只能摘一次，且不能回头。

柏拉图第一次走进麦田，他发现很多很好的麦穗，他摘下了他看到的第一个比较大的麦穗，然后继续往前走，却沮丧地发现自己越走越失望，因为前面还有不少更好的麦穗，但是他不能再摘了。走出麦田，苏格拉底告诉他，这叫作"后悔"。

柏拉图第二次走进麦田，他依然发现很多很好的麦穗，但是这一次他吸取教训——前面一定有更好的。他一直向前走，直到发现自己快走出麦田了。按照规则，他不能回头，而他刚刚错过了最好的麦穗。柏拉图走出麦田，看到"不怀好意"的苏格拉底对着他笑。苏格拉底早就知道柏拉图会这么干，他对随便摘下一个麦穗的柏拉图说，这叫"错过"。

柏拉图第三次走入麦田，这一次他该如何做选择呢？

柏拉图的问题，其实就是我们面临的选择。面对职业、爱情、机会的诱惑，你往往第一次"后悔"，第二次"错过"，但是你永远不能后退。如果你既不想后悔，又不想错过，那么什么样的心智模式能够帮助我们做出最好的选择呢？

把柏拉图先放一边，我们再来看看第二个选择故事。

假设你是一个王子，有100位波斯公主远道而来向你求亲（女性读者请自觉调换成你是公主，有100位迪拜王子来向你求亲）。每一位公主都带来了一箱嫁妆。她们只会与你见一次面，打开箱子，展示她们丰厚的嫁妆。你需要马上回答是否愿意；否则，她们就会离开，再也不回来。假设你这个王子是个大财迷，再加上波斯公主都蒙着脸，无法辨认，所以你完全不考虑外貌，你只希望收到最多的嫁妆。这种情况下，你该怎么决策？

和苏格拉底的故事类似，如果你一开始就选择，那么很容易陷入后悔模式——后面的公主也许更有钱呢？如果你一开始就观察，那么就很容易错过最好的公主——她们可能再也不回来了！

这其实是一道数学题。从概率上讲，我们能够算出最好的选择策略：你应该把前 37 位公主作为观察样本。在前 37 个人中，你不做任何选择，只做一个判断——高财富值大概是多少。在剩下来的 63 个人中，一旦有人超过这个数值，你马上做出选择。这么选是最科学，也是最合理的。

我们生活中的选择也是一样。打破"后来"模式最好的方法，就是在进入未知领域的时候给自己一个不做选择、只做观察的空间和底线。在这之前，不要做决定；一旦过了这个底线，就要大胆地选。这就是最好的"选择"模式。

比如，在旅游景点买东西，你如何决定购买策略？

先不要着急在第一时间购买，而是先逛一下，了解一个大概的价钱，在差不多走过 1/3 店铺的时候再开始买，这样最不容易被骗。购房的时候也是一样，先多看几套，把前面 1/3 看过的纯做样本，往往会有很好的收益。在股票市场中，高手很少会在最高点抛出，在最低点买入，就是因为他们也需要一定的观察样本，来保证收益最大的选择模式。

职业选择也应该如此。如何找到最适合自己的工作？

由于适合的职业是人与职业的匹配，所以你也需要建立关于自己与职业的基准线。有一段时间的工作经验和自我观察，能帮你找到基准线；而了解不同的职业，也能帮助你找到好工作的基准线。职业规划师认证课程往往会要求学生花一周的时间来做他们准备进入的工作的调查报告（我们称为"职业调查"），以此了解：这个工作的典型一天是怎样的；大概的收入、福利、晋升通道是怎样的；什么人特别适合做，什么人应尽早离开；你觉得最闪光的时刻是怎样的，又有哪些暗黑时刻。

然后在自己心里，给这个职业的适合程度打分（0~10 分）。有的人甚至在一家公司先兼职做一两个星期，这样他们大概率能做出最好的、未来不会后悔的选择。

这个思维模式也可以解决职业选择的问题。各种公司的签约要求一起来，马上签约害怕"后悔"，一直观望又担心"错过"，这个时候可以把求职期前 37% 的时间作为观望期，根据自己的水平制定一个能接受的标准，然后一旦看好，马上出手签约。

着急选择的"后悔模式"和总在等待的"错过模式",都会在你生命里奏起《后来》之歌。所以,不如用前37%的时间找到基准线,然后该出手时就出手。

怎么找到最适合的工作？

警惕职业的"艺术照"

有一个人死后，进入了天堂。

他看到天堂里的每一个人都很和气：他们穿着白色的衣服，头顶光环，快乐地走来走去。中午和晚上他们会在白色的大厅里一边吃牛排、喝红酒，一边谈论思想和哲学。他想，天堂真不错。

按照规定，他还可以去地狱看看，然后决定在哪里留下来。于是下午，他坐上一部长长的升降梯，下到地狱。这里的情况实在太让他震惊了：地狱里面的每个人都开着凯迪拉克汽车。男人们在阳光下的沙滩上追逐着穿比基尼的美女，女士们则追逐着穿健身裤的壮男。晚上人们穿着礼服，端着酒杯，参加盛大的宴会，大谈自己的快乐经历。

这个人有点犹豫，于是拉住一个路人问："这是地狱吗？"

"这就是地狱，地狱欢迎你！"路人和他干了一杯，然后笑着跳舞去了。

回到天堂，天使问他是否决定好了要永远待在哪个地方，他迫不及待地说："我要去地狱！马上！"

于是又是那部长长的升降梯，他下到地狱。电梯门一开，一个魔鬼走进来，抓住他的头发把他拖出去："快！下油锅的时间到了！"

这个人很害怕，但还是忍不住地问道："凯迪拉克、美女和盛大的晚宴去哪里了？"

魔鬼想了想说："哦，那是广告。"

选择职业和选择天堂一样，很多适合你的工作刚看上去并不那么炫目，而很多听上去的"好职业"也许恰恰是"广告"。

拿律师来说，很多人提到律师，总是想到公正严肃、主持正义。但是，一项在律师行业的内部调查显示，85%的律师觉得自己很少在做"真正公正"的事情。

同声传译行业以精英云集、收入高闻名。但是，因为精神压力太大，超过35岁继续干下去的人并不多。考虑"同传"最佳受训阶段是30岁以前，如果你今年28岁，由于对英语的热爱而准备入行，那么你就要冒着只有几年工作时间的风险。

"四大会计师事务所"你一定听说过，并且羡慕不已。早在2010年前后，那里一名普通大学生的月薪就能达到四五千元，加班还能有3000多元的加班费。但是请注意，他们的新人（以审计部为例）每周平均工作时间是60~90小时，平均出差时间是全年170天。如此算下来，他们的时薪甚至比一般的外企还要低。更重要的是，由于不停地工作，他们几乎丧失了参加外部学习、了解和进入其他行业的机会。

"互联网大厂"的百万年薪让你羡慕不已,但考虑到"996"的漫长工时和全年无休的工作节奏,细算下来,税后的时薪是多少?只有217元,比好一点的健身教练还要低。

其实,每一个职业都没有你想象的那么美好,你看到的也许只是广告,而不是广告背后的东西。当你千辛万苦,最终进入一个公司或选择一个职业,才惊恐地发现原来自己想的和现实是多么不一样!你就好像故事里被揪着头发下地狱的人:为什么?那些光鲜呢?这个时候有人告诉你:哦,那是广告。

天晴是一家著名会计师事务所的所得税会计。三年的事务所生活让她有了一些经济基础,但是她觉得压力很大,近期家庭也出现了一些问题,给天晴本来就疲惫不堪的内心压上了最后一根稻草。她彻底崩溃了。她和公司请了一个月假,在家休息。

朋友建议她去做一个心理咨询。第一次咨询的时候,天晴很抗拒,觉得自己没有精神疾病看什么心理医生。好在心理医生对这样的人见得多了,先稳住她,然后慢慢进入正题……几次咨询下来,天晴对心理咨询的印象完全改观,她也慢慢从心理阴影中走了出来。她觉得心理咨询师太伟大了,他们就是从心灵黑暗中拯救人类的天使。

休假后上班的第一天,重新面对压力和无聊的旧工作,她突然萌生了一个想法——我应该去做一个心理咨询师!每天有自己的可控时间,帮助别人解决困难和问题,那才是我喜欢的事业!

多年的外企工作经验让天晴成为一个说干就干的人。

她很快辞了职，并且报了一个北师大心理学的在职研究生班。第二年，她又报了一个三级心理咨询师，开始进入实习咨询。

等实习咨询开始，天晴才发现自己的想法完全错了。原来心理咨询师是一个压力很大的行业：每天要接收很多负面情绪，而且结束后还要写案例总结，几乎没有自己的时间。最糟糕的是，心理咨询这一行在国内还没有发展起来，刚入行的心理咨询师很难单凭咨询赚到维持生存的钱。

两年过去了，积蓄也快花光了，天晴到底应不应该继续这个工作？

天晴的困惑源于她的一个逻辑错误：我喜欢"被心理咨询"，是不是就等于我喜欢做心理咨询师。这就如同我喜欢鲜花环绕，是不是就必须开花店；我爱听陈奕迅演唱会，是不是就意味着我就能当歌手。吸引天晴的不是心理咨询师的真实面目，而是心理咨询师的"艺术照"。

艺术照最大的尴尬是什么？就是别人到你家看着照片说："哇！真漂亮！这是谁？"选择职业也是一样，最尴尬的事情是：进入这个职业才发现，原来我以前知道的版本是"艺术照"！很多人因为一个"艺术照"进入某个工作或者职位，等到发现有问题已经过去很久了。是后退还是硬着头皮前进？两者都代价惨重。

如何拆掉职业"艺术照"这堵墙？

第一，别相信有完美的东西。

我见过那种一夜暴富的职业，见过那种纯靠黑幕生存的职业，也见过所有人无比羡慕，当局者却痛苦万分的职业，但是我还没有见过一种完美的职业。我有一个简单的常识：如果一个东西过于完美，那么它一定有问题。

第二，看看"卸妆照"。

不管你要进入哪个行业和公司，在收集优点和好处之后，一定要问问自己：这个方向的问题在哪里？有什么缺点吗？下面告诉你如何找到职业的"卸妆照"。

找到理想职业的"卸妆照"

如何避免只看职业的"艺术照"？难道我们要把所有职业都尝试一遍吗？世界上的职业有4万种，一一尝试显然不可能，可不去尝试又总觉得不甘心。事实上，我们可以通过以下5种方法，用很小的代价了解职业的真实信息。

第一，做一个在职人士的职业访谈。

职业访谈就是找到在这个职业中的成功人士进行访谈。他们往往是这个行业内最有洞察力和体验的人。通过对一系列相关问题的采访，你可以很快地了解到这个行业工作很久的人也无法了解的职业内幕。

职业访谈一般有四步：

- 列一个访谈清单；
- 寻找访谈对象（通过朋友、师兄师姐引荐，或者去"在行""选对"等知识服务平台约，都是不错的方式）；
- 见面开聊，确保你的问题基本都能得到回答；

- 感谢对方后，重新寻找两个以上的访谈对象，重复前面三个步骤。

具体聊什么呢？我列了一个访谈清单，帮你用9个问题洞悉一个职业。

访谈清单

序号	问题
1	能否说说您在职场中的一天是怎样度过的？
2	在这个领域做得不错的人，一般都具备怎样的能力和性格特征？
3	背景：您是怎么进入这个领域的？什么样的教育背景或工作经验对进入这个领域会有帮助？
4	这个行业的薪酬阶梯大概是怎样的？除了工资，您最大的收获是什么？
5	您今后几年的规划或更长远的规划是什么？晋升空间大吗？升职制度是什么？同事中跳槽的人多不多？怎么考核？
6	趋势：今后3-5年这个行业的发展趋势怎样？公司前景如何？影响这个行业的因素有哪些（比如经济形势、财政政策、气候因素、供货关系等）？
7	建议：对我的简历，您有哪些修改建议？
8	信息：从哪里可以获得相关的专业信息（比如微信公众号、网站、论坛、专业期刊等）？如果我准备好了，如何申请成功率会更高？
9	推荐：根据今天的谈话，您认为我还应该跟谁谈谈？能帮我介绍几位吗？约见他们的时候，我可以提您的名字吗？您还有没有其他建议？

第二，尝试参加一个与目标职业相关的培训。

培训一般是接触一个行业最直接的手段，因为那里的学生是一群和你目标一样的人，老师则是这个行业中最优秀的从业者。

他们的信息和意见对你非常重要。

《当和尚遇见钻石》[①]的作者麦克尔·罗奇格西从印度学佛22年后回到美国,却希望找到一个钻石加工行业的工作。他用了半年时间求职,结果一无所获。

你知道,即使世界上最大的钻石加工厂里的所有钻石,都可以轻松装在一个手提包里被拿走。这样的行业需要高度信任,一般都是家族垄断的,外人根本无法进入。后来,罗奇格西上了一个关于钻石的培训班,在培训班里,他认识了一对来美国投资的夫妇。课程结束后,他成为这对夫妇美国公司的经理。

如果一个22年都没有"下过凡"的佛学博士,都能通过培训得到像钻石这样封闭的行业的内部信息,你是不是也一样能够通过这个方式找到你喜欢的工作?

如果你喜欢心理咨询这个行业,可以通过上一个周末的心理咨询课程来了解,同时观察一下自己是否适合这个人群。培训老师一般是这个行业比较杰出的人,他们对你的评价和建议对你进入这个行业相当重要。如果最后觉得适合,你正好可以通过培训进入这个行业;如果不适合,那你至少让自己少浪费了两年时间。而且,学学心理学对你的未来新方向也有很大帮助。

我认识很多相对封闭的行业的从业者,比如摄影师、瑜伽教练、培训师、时装买手、设计师等,他们很多人都是通过参加培

[①] 对管理和佛学有兴趣的人都可以看看这本书,它主要讲如何用《金刚经》做企业管理。

训的方式入行。新精英生涯平台上的职业生涯咨询师，也有很多来自我们的学员。

第三，关注一些专业网站。

很多职业都有专业的社区或论坛，比如，"人人都是产品经理"（专注互联网产品）、"鸟哥笔记"（专注互联网营销），"知乎"上相关专业的热帖也值得关注。这些网站里一般会有大量的职业信息或入门资料，还会有大量的相关专业人士解答你的各种职业问题，打击你不切实际的想法，以及给你真正有效的切入方式。

我的一个客户小美，在一家公司里做文员，已经做了4年。文员的工作非常清闲，正好她对人力资源感兴趣，所以有空的时候她就在人力资源师的论坛里泡着，看看大家的帖子。虽然半懂不懂，但她觉得很有意思。有一次公司人力资源同事过来打印资料，不小心落了最后一页。小美一看觉得熟悉，她在论坛里看到过，这是人力资源的一个测评，叫作16PF。她就给那个人送了回去，嘴上还嚷嚷地说："喂，你们这个16PF的结果落下了。"

正好人力资源总监在，就问她："你知道什么是16PF吗？"她说："我知道啊。"于是她把平时看到的内容说了一遍。人力资源总监很好奇，说："你怎么会知道这么多？"小美说："我平时自学的。"（她当然没敢说是上班时学习的。）人力资源总监说："不错，不如你来我们部门做招聘吧？"于是，小美正式从文员进入人力资源领域了。

这个故事还没结束。小美在新的岗位上班，同时继续她的"泡坛子"事业。三个月后，小美看到一个楼主说，他们公司急需一个招聘经理。小美第一时间看到，马上留言，同时发了简历。没多久，她收到面试邀请。面试时，没说几句话，对方就说："过来上班吧！"小美现在已是某外企的招聘经理啦。可见，专业论坛泡好了，也是一个巨大资源。

第四，看招聘网站和公司网站。

如何在招聘网站找到职业信息？告诉你一个不错的方法：随便进入国内最大的职业招聘网站，输入你想进入的职位，比如"市场部经理"，你能找到一两百个这样的职位，点击进入以后，你可以看到"职位描述"。收集大概5个这样的职位信息，这个职位的工作内容和工作要求你就大致了解了。现在的招聘网站还有和老板聊的选项（比如"BOSS直聘"），你甚至可以直接和业务负责人沟通，拿到更多的第一手信息。

第五，找一些职业数据库。

国内有很多关于职业信息的数据库，里面有大部分职业的详细介绍。数据库的数据主要有两种：官方的和第三方公司的。

国家数据库《中华人民共和国职业分类大典》目前已经更新到2015版，将近700页。这样的书职业信息大而全，适合研究，但是对想了解一个职业的老百姓来说，花380元买太不值了。

第三方公司，比如"看准网"。这类数据的优点比较全面，内容也多是大家关心的，比如入职要求、平均收入、工作内容、面试经验等信息。但是由于财力限制，它的数据并不是每一个都精确。

另外，职场社交软件，如脉脉、领英也有不少在职员工或前职员的爆料，可以作为参考。在"天眼查""企查查"的网站上，可以查到企业的更多信息，比如，这个企业成立了多久，注册资本是多少，有没有吃过官司，等等。

总之，不管你用什么方法，都一定要记得看到职业的原始面目。因为你迟早要面对一个职业的真面目，不是入职前，就是入职后，当然是越早越好。

不投简历也能入职的 8 种"野生求职法"

如果不递简历，不上网站，不走后门，如何能拿下一个职位？

下面推荐我从事职业生涯规划多年，亲自验证的 8 种"野生求职法"，也许它们会给你的求职带来一些新鲜思路。

职业访谈

前边说过职业访谈是了解职业的好方法，其实也是一个求职的好方法。在访谈中，你有机会接触到业界最优秀的人；如果只是靠面试，这些牛人你可能一辈子也见不到。而且，最重要的是，在访谈中你会建立一种教导与被教导的师生关系，而不是挑选与被挑选的求职者和企业方的关系。

你也许会担心这种方式很容易被拒绝，也许一开始的确会被拒绝几次，但是请相信，优秀的人都有一个良好品质——愿意帮助别人。你会惊喜地发现，如果你勇敢尝试，至少有 20% 的人会接受你的访谈。

我们职业规划师班的学员小宇，就是一个职业访谈求职的高手。她先通过陌生拜访（cold call）一个个地找到自己的访谈对象，然后约好时间，按时打电话访谈或者拜访。每一次访谈的时候，她总会问两个问题：

- 对于我这样一个人，如果要进入这个职业，您会给我什么建议？
- 什么时候我会知道自己能够胜任这份工作？

如果前面访谈的效果很好，这时候的气氛也会比较快乐真诚，对方往往就会给她一些关于进入职业（其实也是自家公司）的关键意见和一些硬性要求。接下来几个星期，小宇会发一封感谢邮件以及一个计划书，同时想听听专业精英对这个计划的看法。

三个月后，她带着简历，以及这三个月中针对招聘要求积累的案例，再去应聘这家公司。

你能猜到结果吗？

应聘非常顺利！因为小宇准备的一切能力和素质，都是企业方自己说出来的！她把自己"定制"成一个属于这个企业的人！

用这种方式求职的最核心要点是：第一，认真倾听，尊重对方；第二，永远不要在职业访谈中谈求职的事。

给名人写信

给名人写信有用吗？非常有用！

名人看上去风风光光，其实却是一群最孤独的人！因为他们的光环和名望，很少有人敢和他们平等对话，也很少有人给他们真正的建议。正是因为这样，给名人写信是不错的求职方式。

徐小平老师的亲传弟子罗宾（Robin）原来是出版社的一个编辑，他是如何进入这个行业，并且成为徐小平老师的弟子的？罗宾看完了徐小平老师的书以后，给他写了一封信，谈到他对徐老师著作的一些看法，并且邀请他出下一本书。徐小平老师平日受到无数粉丝的爱戴，被捧得不行，突然有一个年轻人来砸砖头，而且还字字中的、文风犀利，徐小平特别喜欢，于是邀请罗宾来北京面谈。罗宾还在想怎样拉徐小平出书，徐小平却说，不如你来做我的助理吧！于是罗宾留下了。

我们公司的一位同事也是以类似的方式加入的。当时新精英生涯的大学生业务板块有一部分是求职者培训，她上完我们的课程之后，觉得以自己当时的能力还不足以加入我们的团队，就去了另外一家求职培训机构，一边学习知识，一边思考新精英生涯的定位。其间，她给我写了三封信，信中都是以一个前学员的身份告诉我：其他机构是如何操作的；对于求职她有什么观点；新精英生涯有什么优势和劣势；如果要建立网络营销，她的思路是什么。这三封信，我第一封没有看，转给了市场部经理；第二封打开后觉得很有道理；等到看完第三封信，我蹦起来找我们的人力资源，说我们要把这个人争取过来。于是，她就成了我现在的同事。

有人会问，如果写砸了怎么办？那也无所谓，反正名人都很忙，过一个月就把你忘了。你就换个网名继续写，写到他认识你为止。多年后你们坐在一起，他会说："你小子不错，当年幸好我通过邮件发现了你，果然我没有看走眼。不像以前有一个不靠谱的家伙，什么都不懂还敢乱叽歪。"这个时候你可以很淡定地说："老大，那是我的笔名……"

混专业论坛和社区

混论坛和社区的方法可参见前文，此处不再赘述。

参加资源类的学习班

韩国富裕家庭的孩子，一般从高中开始就被送往国外读书。你猜他们从国外名校博士毕业回来以后，第一件事情是做什么？是在本地排名第一的高校读一个 MBA 学位。他们不是为了获得学位，而是获得行业内的人脉，因为同学对工作的帮助实在是太大了。

以前讲职业规划培训课的时候，我们有一个"班级资源图"的游戏，这个游戏总会创造一两个职业机会。比如，一名英语教师分享自己的职业发展，谈到自己高中毕业后没有考上大学，然后通过一路打拼成为今天的英语名师。这时候，一个大学老师站起来说，你一定要来我们学校给学生们讲讲你的经历。再比如，一个非政府组织的大姐上来分享自己做非营利组织的艰辛和快乐，下面有人举手说，我找你们很久啦，我想加入可以吗？又比如，在广州的一期职业规划师培训中，一个自愿上来扮演职业规划当事人的同学，在被咨询完以后，被启德、格兰仕和中国移动的三家人力资源看中。因为他们觉得这个孩子很不错！事实上，培训界的公司里，几乎 80% 的员工都曾经是它们自己的学员。

如果你找不到进入工作的方式，那就找一个培训课上吧！

培训和学习是最容易把大家联合在一起的方式。众多的游戏和分享让你有绝好的机会展示自己、推销自己。如果把它当作一个面试，这个面试的成功率一定很高：这里的面试官和蔼可亲，面试环节超长，机会超多，而且面试者只有你一个。

加入社群、俱乐部和读书会

加入俱乐部或社群，和参加培训的效果类似。这些地方也是人脉聚集之地。不同的是，也许你可以在这些地方遇到更多其他行业的人，比如，在我们的年度陪伴型读书社群"个人发展共读会"，就有咨询师、优势教练、大厂运营总监、国内资深猎头、记者、项目经理、私域操盘手、课程制作人等各行各业的人才。他们会给你提供其他行业的工作信息和机会，这样的机会往往可遇不可求。

很多海归回国，都会争取加入当地的海归协会，或者很多企业主聚集的各种俱乐部。这种俱乐部往往需要介绍人引荐，但是一旦进入，通过这个方式找工作的效率就很高。因为只要你能证明自己，企业主是能提供所有工作岗位的。

义务工作

通过实习进入公司，然后在实习期间表现良好，毕业后转正，这是大学生进入外企或者国企最有效的一个方式。IBM 的"蓝色之路"实习生项目始于 2004 年，涵盖日常实习和暑期实习两种实习类型。该项目每年招聘大量大学生，已经让数千名学生获得了 IBM 的职位。但是如果你已经工作一段时间了，外企和国企基本上不会让你实习了，它们更多会通过招聘和猎头寻求在职人士。

但是进入民企，尤其是有发展潜力的中小企业和创业公司，义务工作往往是一个绝好的方式。这些企业创办初期往往最缺乏人力。如果这个时期你找老板说："我先义务工作一个月，如果您觉得需要，我再留下，好吗？"很少有人会拒绝你。

这一个月期间，你的目标就是提升能力，赚回自己的工资。如果一个月以后，你能赚到比自己工资高的钱，那么你差不多就会拥有这份工作。即使遇到最差的情况，你遇到了一个特爱占便宜、就是不给你工作的老板，你也能收获一段工作经验、一些行业内的人脉和一定的工作能力。而且你离开的选择是对的，因为这样的公司做不长久。

还有一些人通过义工的方式获得好的训练和学习机会。比如心理咨询，这是一个需要长期督导的行业，很多咨询师因为得不到好的督导和指导，找不到好工作。国内著名的心理咨询热线"青春热线"则提供这样的免费督导。如果你可以提供义务的心理咨询工作，就可以从他们那里获得国内最好的指导老师，并获得足够丰富的案例。

同样，很多世界 500 强的白领也热衷于进入类似 JA[①] 这样的公益性组织。这个组织致力于让优秀的年轻人事业启航。它组织企业的精英人士进入大学宣讲，同时也给这些愿意义务授课的人提供义务的培训师培训。很多白领通过这个渠道从义务培训师做起，成为真正的企业培训师。

成为客户

如果以上方法都无效，你还有一个方式：进入你目标行业的下游，先成为一个最受行业尊重的客户。

有多少心理咨询师是从解决自己的心理问题开始的呢？有多少职业规划师始于对自己职业的困惑？有多少色彩设计师一开始只是想自己穿得漂亮一点？

中国人说"久病成良医"，这其实是一种职业进入的方式。

成为自由职业者

如果上述方法都无法让你找到一个工作，我只能告诉你，你的工作太超前了。如果你真的有信心，不妨尝试自己雇用自己，成为一个自由职业者！

[①] JA，全称 Junior Achievement，青年成就组织，成立于 1919 年，是全球影响力最大的非营利教育组织之一。目前在全球 100 多个国家为青少年提供教育项目，每年约 47 万名志愿者参与其中，影响学生人数超过 1200 万。

情感评论家这个职业听说过吗？连岳写着写着就写成了。童话大王郑渊洁因为不满意市面上的童话书，就亲自写。家庭收纳师听说过吗？我的朋友敬子老师，在机场读到一本《断舍离》，觉得理念非常好，四处找能做这个的人却找不到，于是自己做了中国第一名家庭收纳师。因为觉得职业规划的咨询费用太高，不能够普及，于是我就通过培训的方式自己做起来。

如果你真的找不到工作，那就自己创造一个吧！

千万别做完美的职业规划

百分之百的规划毫无用处

我的咨询者常常会提出这样的要求：能不能给我做一个30年的详细的职业规划？职业规划报告里要详细地告诉我：未来30年、10年、5年、1年我分别该做什么，每一步该如何做。似乎如果真的有这样一份详细的规划报告，他们就可以高枕无忧地一步步靠近自己的职业目标，不用担心任何闪失了。当然，他们要求这份评估报告还要包括：金融海啸什么时候来，楼价何时会跌，何时适合生孩子，等等。总之，钱不是问题！但是要够详细。

这些想法哪里来的？

你随便翻开一本书，里面就会有很多这样"完美职业规划"的例子。

- 陈胜是个农民，年轻时却有"鸿鹄之志"。
- 刘邦是个小吏，当他看见秦始皇的威严时，就有了一个"疯狂"的想法："大丈夫当如是也！"

- 刘备是个小贩，年轻时就立志"上报国家，下安黎庶"。
- 法国皇帝拿破仑是个调皮学生，成绩一塌糊涂，他却说："我具有出色的军事家素质，权力就是我要得到的东西！"
- 美国前总统克林顿是个学霸。17岁因成绩优异而有了去白宫见肯尼迪总统的机会。回来后，他买了两张肯尼迪的画像贴在自己的房间，还写下一段话："我今年17岁，我发誓这一生一定要成为美国总统，服务美国民众。"

这些人并非个个天赋优异，他们的背景、学历和运气也不一定比普通人好，但他们的人生起飞，在很大程度上借助了梦想的翅膀。

怎么样，看得热血沸腾吧？这些故事告诉你：想做伟人，先立大志，然后制订一个伟大的职业规划。你应该在很小的时候，就定下来这一辈子要干什么；否则，什么领导、主席、总统、首席执行官，统统和你无关！

这里的故事和真实历史的差距有待考证，但不管是中国古代的陈胜、刘邦和刘备，还是外国的拿破仑和克林顿，他们都没有做出"完美的职业规划"，清晰地知道自己每一步要干嘛。

克林顿倒是有点预见力，但是他的规划也不可能精确到这种程度：我50岁要当总统，所以40岁要当州长，30岁的时候要当议员，20岁的时候我一定要努力找到希拉里当老婆——没有这个女人，我根本不可能选上总统。

百分之百的规划除了给自己买个安心毫无他用，理由有三：

第一，不是我不明白，是这个世界变化快。

今天的中国处在高速发展中。《活着》的作者余华说："一个西方人活 400 年才能经历这两个天壤之别的时代，一个中国人只需 40 年就经历了。"未来的 50 年是整个世界更快发展的 50 年，谁也不知道未来会出现什么新型的职业。所以，谁都没理由去相信一个关于未来 50 年的预言。

比尔·盖茨创办微软的时候，不可能知道今天有互联网；乔布斯做苹果的时候，也规划不出来 iPhone（苹果手机）。**职业是天赋和世界趋势的结合，我们只能规划我们目前视线所及的部分。**

亚里士多德说："**你的天赋与社会需求的结合点，就是你的职业所在。**"天赋在慢慢增长，社会需求在不断变化，你的最佳职业也在不断变化。

第二，一个过于明确的目标，会让你对新出现的机会视而不见。想想看，如果你从 18 岁开始规划未来，并且在未来 20 年只往那个方向走，想想你会错过多少机会？

"Swatch 之父"尼古拉斯·海耶克成功地挽救了瑞士破产的钟表产业，他说："你的时间需要规划，但永远不要百分之百地规划它。那样的话，你会扼杀自己创造性的冲动。"

第三，请相信"最好的还没有来"！

《牧羊少年奇幻之旅》里有一个小情节，当炼金士送给修士一块金子的时候，修士说："这是我这一辈子最大的好运。"炼金士说："别这么说，因为生活会听见的，它会吝啬地给你好运。"

不管多坏，对未来保持希望，因为一切都会好起来的。

不管多好，对未来也要保持憧憬，因为生活会带给你意想不到的惊喜。

我毕业于建筑工程专业,虽然大学里我就痛恨自己的专业,但是从来没有想过自己有一天会以做培训师和咨询师为生。大学毕业以后我在一家英国建筑师事务所做了半年,后来实在不能忍受画图之苦,就辞职了,和两个朋友合作开始做装修工程。装修很累,我发现最吸引我的是做建筑(那个时候的我就喜欢设计了,哈哈),很快我决定出国读书,读建筑学。要出国,自然就要去新东方。

在新东方47中的住宿部,我第一次接触新东方的课堂,我被那里鲜活的老师和身边那群学生深深地打动着。而且我觉得这样讲课,我也行!我喜欢和这群人这样相处!于是我决定来这个地方成为一名老师。

再后来的故事你都知道了,由于看到太多人读着最好的大学、做着最好的工作,却依然活得痛苦不堪,我觉得,告诉别人为什么出国,比帮助别人背单词出国更重要。于是,我开始了职业规划咨询之路。

这个时候,我绝望地发现,我又和这群人远离了。职业规划的一个咨询需要花费的时间太长,很少有人可以支付这样的费用(即使我把费用降到了最低)。即使我全部做公益咨询,也无法解决绝大部分人的问题,这让我开始转行做职业规划的培训,这是我当时可以看到的帮助更多人找到自己方向的办法。

在20岁大学毕业的时候,我从来没有想过自己的生命会像上面讲到的那样。我曾以为我会是一个乐手,有自己的录音工作室，或者是一个海归建筑师，在中国有几所自己设计的房子。但是，显然我的规划完全失败了。我正在做一个让中国人"成长为自己喜欢的样子"的机构，每天面对那些希望让自己生活变得更好的人，帮助他们从思想的镣铐中解放，活出自己的精彩。

回想那个大学毕业之初的我，那个一脸稚气的我，那个一心想当建筑师的我，又怎么可能规划出这样的生命？**生命给我的规划远远比我想象的要好，我深深地感激它。**

如果生命是旅途，你的眼界就好像探照灯，你永远只能看到现在所处位置100米范围之内的东西。100米开外的地方到底怎么样？你能听到很多传奇和故事，但是无法确切地计划。

在你的视野范围内，你需要精细地计划；在你听说的范围内，你需要有大方向的规划；而在那些你连听都没有听过的地方，你需要的是相信。

计划赶不上变化，所以放弃做计划？

一个万全的职业规划是不存在的，但这并不意味着，我们要走向事物的另一极端——完全放弃规划。我能听到有人会说："原来职业规划是骗钱的，让我们去疯狂吧！"

聪明的画家都懂得，虽然我们不能一下子勾勒出一幅图画，但是有一个铅笔草稿往往会让你更容易达成目标。我们需要用职业规划为未来打一个草稿，抓住那些实质性的、不容易改变的东西。

所谓"道不易，法简易，术常易"，意思是说，"道"是不会改变的，而"法"会简单地改变，至于做事情的方式"术"，就会经常地改变。

在职业规划中，人的价值观和天赋就是人的"道"，所以人的深层价值观和天赋是不会改变的，它们能决定这个人以后大概的方向和趋势。国人常说"三岁看大"就是这个道理：三岁时，就能知道你未来的发展大方向（有人说价值观会改变，笔者认为，那只是对更深层价值观的一种回归）。

职业规划中的"法"，指的是做事情的方法、态度等。一个人做事情的方式会随着时间的推移和外界的变化缓慢地改变。比如我们在小的时候，主要是体力方面的竞争。中国的应试教育就是拼体力的，谁下的功夫多，谁赢的概率就大。进入社会后，我们通过能力来竞争。知识多没有用，关键是谁能用出来。人到了30岁以后，主要靠资源竞争。力量再大，能力再强，也需要看到自己的极限：你的体力如何，你的能力有哪些，核心竞争力是什么，有什么特殊的资源，等等，这些都是"法"的改变。

另外，外界的环境也会导致"法"的变化。比如20世纪初的时候,中国一流学生的发展路径一般是考进清华、北大,接受一流教育,然后最优秀的人拿奖学金出国。这是当时的"法"。现在有钱人多了,大家的"法"就有点改变了。富裕家庭会在高中的时候把孩子送出去,然后争取考进国外的名牌大学,学成后再回国发展。还有一些学生会在高考的时候选择国外或者中国香港的大学。当然,还是会有一部分人进入中国的一流高校,但是教育资源分配从之前的按分数分配到了今天按照分数、财富、能力等更多元化的方式分配,教育资源的范围也从中国变成了全世界。这都是"法"的变化。

"术"是指具体的实践操作方法。在我看来,职业就是一个人和社会合作的方式和手段。你可以在这个地方用这个方式来做,也可以在那个地方用那个方式来做,职位可以不断地变动。

美国前副总统艾伯特·戈尔退下来之后,拍了一部关于环境保护的纪录片——《难以忽视的真相》,这部片子还获得了奥斯卡最佳纪录片奖。戈尔希望保护环境,他可以在副总统的位置实现自己的理想,也可以通过纪录片来实现。因地制宜,环境变了,做事的方式也就相应地改变了。

当回顾自己的职业生涯时,我也能看到我生命中的道、法、术。

从"术"上看,我的职业发展非常混乱,一直在变化:艺术青年、建筑工程师、GRE教师、咨询师、培训师、作者、创业者,毫无主线可言。但是我很清楚,我有5项核心能力:把复杂的东西简单化、体系化的能力,与人沟通的能力,创造力,直觉力和永远放松的状态。不管做什么行业,我都在使用这5项核心能力。这是我的"法"。

比如,我的吉他技术稀烂,但是创意填词不错。我在新东方选择讲GRE词汇（这是世界上词汇量最多的英语考试）而不是四级词汇，因为GRE够复杂也够痛苦，而我却可以游刃有余。我选择做职业规划而不是心理咨询，因为这个行业比心理咨询新很多，是个交叉学科，横跨心理学、组织行为学和社会学，让我可以系统地建立框架，而且我的直觉力和创造力也可以少受一点打击。至于职业规划培训，那就是"新东方培训师＋职业生涯咨询师"的合体。我在前面两个领域是最优秀的，所以这个"合体"也不会差。至于工程师——好吧，这真是一个错误，但是至少我很快不干了，这也算是我的直觉力吧。最近这些年当首席执行官、做企业管理，我发现自己的核心能力又开始不足，这就意味着，如果我要继续做好，就需要"法简易"一下，提升我的领导力和计划能力。

回顾我的职业生涯，我很清楚我的"道"，这是我一直没有改变过的东西：帮助更多的人成为他们自己。我突然明白为什么我在年轻时会喜欢表达真实的摇滚，会在工作时躲避单纯和事务打交道的职业（比如"该死的"工程建筑），会在上GRE课时讲那么多关于生命的故事，会放弃新东方的发展做职业生涯规划师，会在职业生涯规划师做得不错的时候开始给更多人培训，会在这里写一本掏心掏肺到可能让我失业的书……我希望帮助更多的人成长为他们自己喜欢的样子，这是我一直没有改变过的"道"。

"道不易，法简易，术常易。"每一个人在回顾自己生命的时候，都能看到生命故事的脉络。梳理你生命故事的主题，发掘你的天赋，评估你的能力，把握你的趋势，定位你的职业，职业生涯规划师就是这样来帮助你，了解你的过去，规划你的未来。

如何做一个靠谱的职业规划?

职业规划就好像打牌,你永远无法完全按照你想象的那样出牌。但是,你在开始之前可以先整理好你的牌,对获胜大有好处。

我对一个好的职业规划有以下几个建议:

- 应该有一个 20 年的梦想,梦想尽可能大一些,尽可能抽象一点,有个大方向就足够了。你知道 20 年很长,可以发生很多事情,所以这个计划以你的梦想为主。
- 给自己一个 7 年的长期计划。这个计划主要以培养和发展核心竞争力为主。
- 瞄准一个 3 年内能达到的目标,并将它细分为 3 年的职业计划,从而详细地了解你和这个职位的差距。这个计划以务必达成的执行为主,同时给自己预备一个"Plan B"(B 计划)。
- 给自己设定一个底线,比如实在不行,我就回家做 ×× 去。
- 把你的规划保留下来,每隔一个月看一看,让自己保持节奏。
- 每隔半年停下来回顾一下你的计划。
- 对新的机会和趋势永远保持警醒。

不要因为一个水杯约束你的生命

先来做一个心理测试,测测你的决策能力:

今天,你准备去一个很远的地方旅行。刚走出家门,一个白衣服、白胡子的神仙突然出现在你面前。他告诉你,他可以送给你一个礼物,作为你旅行的帮助,但是你只能选择下面三种中的一种:

- 《射雕英雄传》里提到的一匹汗血宝马;
- 一头被视为神物的单峰白骆驼;
- 一头强壮的大象。

你会选择哪一种当坐骑?

让你的思维在这个地方停留一下,进一步思考一下你决策背后的原因。问自己两个问题:

第一,不管你的选择是什么,你为什么要选择这个?

第二,你是根据什么来排除另外两项的?你在日常生活中,又是如何排除其他选项的?

下面是我听到过的最好的答案：

看看我将要去哪里旅游。

一般人的逻辑是不是这样的：我喜欢宝马，因为它很威风、很漂亮，而且可以跑得很快，我喜欢这种奔驰的感觉！我不喜欢骆驼和大象，因为它们太慢了！但是如果是去沙漠，骑大象走不出 20 公里就得渴死。如果是去草原，要一头骆驼又有何用？所以心智高级的人会明白，选择哪一种动物，不取决于动物对当下的我有什么意义，而取决于它对未来的我有什么价值。**一件事情的价值，不取决于它在当下的价值，而取决于在未来中的价值，这就叫作未来价值。**

职业选择是一个人一辈子最重要的选择之一。在职业选择中，尤其是对年轻人，考虑一份职业未来的价值，远远比考虑它在当下的价值重要得多。

大学生为什么找工作难？其实找工作不算难，难的是很多人非要找对口专业。他们最常见的理由就是"不要浪费了自己学了 4 年的专业"，这些学生从来没有思考过什么才是真正意义上的浪费。在一个不适合的专业领域里工作，你很难成为行业内的高手。那么，你大学 4 年的专业学习时间和你未来 35 年（25~60 岁）的职业生涯，哪一个才算浪费呢？可见，一份适合你的专业的未来价值远远高于你现在的专业。

刚刚毕业几年的白领，往往会热衷于比较工资的高低（当前价值）。我当年大四快要毕业的时候，班上的同学会自动按照找到的工作起薪分成三六九等。那些起薪高的同学，腰板笔直，说话声音都大了几分贝；起薪低的同学则自觉地小声讲话，溜边走路。现在毕业已经20年了，同学会上回顾过去，我们才意识到当年我们对价值的判断有多愚蠢。决定我们10年后成就的完全不是工作的起薪，而是工作的平台、发展机会或者眼界——这才是工作对人的未来价值，而起薪是最不值得看重的东西。

20年前，即使两个同学起薪差再多，也不过2000多元，一年也就2万多元，10年也超不过30万元。但是一个人在工作岗位上，如果有好的平台、好的学习机会或者巨大的提升空间，只要找对一个项目，做好一件事情，哪怕买对一套房子，这30万元就马上赚回来了。那些10年前真正看到工作未来价值的人在这场竞赛中远远超前，因为他们当时紧紧盯住的是未来价值。

我有一个北京理工大学毕业的学生，他2007年毕业后想申请出国深造。他申请的学校不太出名，分数也不高，最后只申请到英国一所一般大学。于是他面临两个选择：第一，家里掏钱去英国读一年；第二，有一个国家重要的机电项目，正好分给了他的老师，老师希望他加入进来，但是项目工资不高，只有1800元。他很郁闷，这个工资低得让人无法接受。去英国还是不去？如果去，父母大半辈子的积蓄都会投进去，值不值得呢？如果留在国内，一份1800元工资的工作，实在又让他觉得无法接受。他找到了新精英生涯。

我的建议是：大型国家科研项目，是非常有未来价值的！贴钱都要参加！

再加上他只能借钱出国，资金没有存够6个月，英国也没有办法去，他就半推半就地选择留在了国内。两年后，他有了国家级项目经验，获得了自己的教授以及一家著名企业董事长的亲笔推荐信。凭借这些，他获得了美国一所大学电气工程专业的全额奖学金,共6万美元,当时相当于人民币48万元。

临走前他请我喝酒,我问他:"你小子现在工资多少?"他说:"不多,还是只有2500元一个月。"我说:"你两年工作经验换到了名校奖学金,你算算这两年你每个月赚多少?"他算了一下就笑了,工作24个月,奖学金48万元,平均每个月2万元。我说:"你还嫌工资少不?"月薪2万元的他摇摇头,乐了。

平台、资源、眼界、机会、好老板、失败的经验,这些都是未来会升值的生命潜力股。年轻的时候,即使牺牲点既得利益,也要"购买"这些东西,它们会在未来的时间里百倍增值。

所以,一份好的工作经验,未来价值绝对超过2万元月薪。

一段好的工作经历,未来价值无限;一段坏的人生经历,未来价值也无限。从这个角度来说,早失败比晚失败好,晚成功比早成功强。正如法国诗人勒内·夏尔的两句诗:"懂得静观大地开花结果的人,绝不会为失去的一切而痛心。"

最后再做一个测试,作为"未来价值"这个心智模式的尾声:

在2006年一次职业规划师的交流会上,我问了在座所有人一个问题:"如果一个人手拿一个水杯,他下一步最好的选择是做什么?"

有人说应该去装水,有人说应该去分享给别人,有人说应该分析自己,用最好的方式利用水……

你的答案是什么?

我告诉大家,一个人手里拿着水杯,他应该去做自己想做的事情，和水杯有什么必然关系？

你答对了吗？

我们每个人的内心都有一个这样的水杯。我们害怕失去而死死地盯着这个杯子，它限制了我们的眼界，僵化了我们的思维，阻碍我们看到真正有价值的事情。有的人把这个水杯叫作"自己的专业"，有的人把这个水杯叫作"一段感情"，还有人把这个水杯叫作"安逸的好工作"。

你的水杯叫什么？

无论如何，请你记得，不要为一个水杯约束你真正有价值的生命！

放掉人生的沉没成本

先来回答一道一个著名餐馆的面试题:

如果你的餐盘掉下来,你又无力挽救,你该怎么办?

最佳答案是:

用尽全力,把餐盘抛向离你最近的没有女士和孩子的方向。

这道题告诉我们一个道理:如果损失无法避免,就让损失少一点。

如果这道题变成这样,你会怎么回答?

如果一份工作、专业或感情,已经确定不是你想要的,你该怎么办?

最佳答案就是:

用尽全力,用最快的速度放弃。

这显然和我们的经验不相符，因为我们身边满是不愿意放弃的人。明知道不合适的工作，我们不愿意放弃，因为"我们毕竟做了这么久"；我们不愿意放弃专业，因为害怕"四年白读了"；我们也不愿意放弃一份完全绝望的感情，因为"我们在一起太久了"。

我们为什么这样热衷于过去的投入，而不是未来的价值？经济学有一个专门的术语来解释这种现象，叫作"沉没成本效应"。

> 想象今天晚上经过电影院，你决定花50元进去随便看一场电影。结果刚坐下来15分钟，你就发现这部电影无聊透顶，周围的人不是在打呼噜就是在刷手机。你确定继续看下去对你毫无价值。现在请你做一个决定：你是继续看完它，因为不想浪费了50元，还是马上离开？

从经济学的角度来说，如果你已经确定电影毫无价值，最明智的选择就是马上离开。因为当你进入电影院的瞬间，50元已经损失了（沉没成本）。如果你坐下来15分钟后选择离开，还可以节省一个半小时；如果你继续坐下来，你会浪费接下来的一个半小时，这个叫作追加成本。

沉没成本其实是已经损失的成本，为了这个损失而追加成本，最后只会头破血流。

过去已经投入并且损失的价值，会影响我们对未来投入的判断，这就是沉没成本模式。根据沉没成本而不是未来价值做决策，由于害怕损失所以继续投入，最后只会造成更大的损失。这是我们常犯的错误。

见过许多身旁的情侣，热情明明已经消耗殆尽，还坚持在一起。他们最常见的理由就是:"虽然确定已经不喜欢他(她)了,但是一想到多年的恋情,还是舍不得白白浪费。"既然已经确定不喜欢,这段感情对未来生活的价值就等于零。由于"舍不得",决定在一起的结果只能是浪费更多的青春,恶心自己更久。其实,此时分开的未来价值,远远高于在一起的价值。

越是自尊心强,越是因自卑而自大的人,他们的沉没成本模式越严重,因为他们总希望证明自己是对的,假装自己没走弯路。

害怕损失的人,损失最大

- 买衣服,只因为逛了很久的街;
- 结婚,只因为谈了太久的恋爱;
- 学钢琴,只因为买了钢琴;
- 继续工作,只是因为干了很久……

你有没有这样的购物体验?当走过商场里"直降300元!最后一天!"的牌子,你是不是内心有一个小声音在说:"**注意!今天不买,损失300元!**"结果你一激动花了1000元买下这件衣服,却发现自己损失更多——你其实不太喜欢这件衣服,穿两次就不穿了,而你衣柜里因为害怕吃亏而买回来的衣服,已经远远超过因为喜欢买回来的衣服。由于害怕损失300元,结果你损失了1000元。

大学的时候,我曾经很喜欢玩《星际争霸》。当时听过一个故事,有个人玩这款游戏非常入迷,战术和微操作都很好,却总在关键时刻输掉游戏。后来他请高人指点。高人看了一盘说："你太害怕损失了，少一个小兵就往回退，别人当然就趁机追击，你也没有时间造新的兵。你总纠结于少死几个，所以打不好。"此人大悟，终成高手。故事的结论是：害怕损失也许让你当下少输几个，但很容易满盘皆输。

我在职业规划班遇到过一个学生，她说自己很早就接触了职业规划，看了很多相关的书，关注新精英生涯也很久了，但就是没有行动，一直到现在实在是遇到瓶颈才来。我问她为什么？她说害怕太浪费时间，也觉得有点贵。

显然，她是害怕损失时间和金钱的人。

但是，由于缺少规划，她实际上已经花了2万元，读了许多与未来毫无关系的书，参加了许多不解决问题的培训，更重要的是浪费了3年时间。这算不算更大的损失？还有人花了家里100多万元出去读书，回来还是一头雾水，这又算不算更大的损失？

你有没有过这样的体验？为了隐瞒一件小事而撒了一个小谎，然后为了不让自己的小谎言被揭穿，于是撒一个更大的谎来弥补。最后你终于不可收拾，一败涂地。所以千万不要为了一个谎言，再说一个谎言。

哀叹是不是一种沉没成本？无比怀念前任是不是一种沉没成本？面子是不是一种沉没成本？抱怨过去是不是一种沉没成本？现代社会深谙这种害怕损失的小心理，所以发明出来超市这样的购买方式。原本你需要从货架上拿下来，然后付现金，这个时候你会感觉到损失；但是今天在超市里，你只需要从货架上拿下来，然后丢到车里，最后在结账台刷卡或扫码——你几乎感觉不到有什么损失。但到月底的时候你才发现：超支了！可银行继续"不怀好意"地说：不要紧，你可以以后再还……

　　损失从来不会让你安全，只会让害怕损失的你继续损失。西方传说中的吸血鬼，貌美英俊，在吸血的同时会向你的血液注入让你感觉快乐的毒素，你甚至会在被吸血的时候感到快乐安详。这让你无力反抗，最后血液慢慢被吸干，只剩一副躯壳。

　　沉没成本模式就是你头脑中的吸血鬼。为了不接受小小的损失，你会面临更大的损害。

　　我们都知道别为打翻的牛奶哭泣，但是为什么还有那么多牛奶哭泣者？

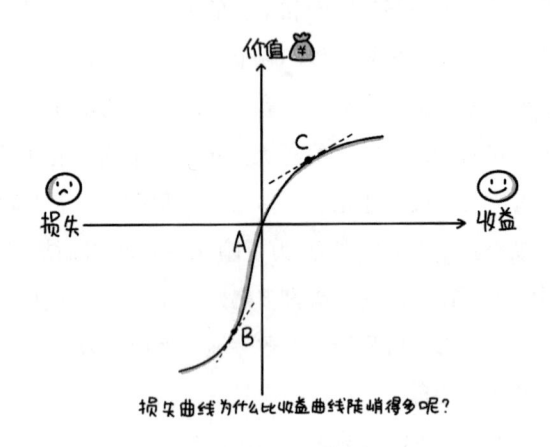

损失曲线为什么比收益曲线陡峭得多呢？

　　人对损失的感受比获得的感受强烈约 4 倍（可以尝试着体会一下：我借你 100 元，还你 102 元的快乐；我借你 100 元，只还你 98 元的糟心）。在同样的刺激下，人们对失去总有着过高的判断。

　　我们总是害怕损失，而忘记我们可以获得更多。如果勇于接受这些损失，我们便有机会把生命投向无限资源的未来，找到更好的途径来弥补这些损失。

印度诗人泰戈尔在他的诗中写道：如果你因失去太阳而流泪，那么你也将失去群星了。(If you shed tears when you miss the sun, you also miss the stars.)

所以，有效的做法就是在失去太阳的时候主动拥抱星星，这才是真正的智慧。

你是人生的漂泊者还是航行者？

　　有一个人走进我的咨询室。他40多岁，还没有结婚，穿着一身笔挺的西装，请教我关于职业发展的问题。我们暂且称他为L。我问他为什么还没有考虑成家，他说现在还在忙事业。于是我们开始聊他的事业。

　　他的问题是："为什么我这么努力，寻找一切机会，事业却一直没有成功呢？"我花了一段时间听完他的故事。为了让大家更加清楚，我列出他的工作履历：

　　　　在西北偏远地区当中学老师。
　　　　不甘心一辈子这样，去西安外事学院学习英语，成为英语导游。
　　　　觉得北京好赚钱，来到北京当导游。
　　　　导游太不稳定，进入培训机构做教务，月收入3000元。
　　　　家人希望他在身边，于是他回到甘肃。
　　　　但他不甘寂寞，再次出来，到扬州当老师。
　　　　觉得当老师没有前途，又去深圳当销售，后来又回北京做销售。

年纪这么大,不想替别人打工,应邀回深圳创业。

我请L把每一次的转换理由画出来,于是履历表变成了这样:
不甘心一辈子这样;

好赚钱;

不稳定;

在(家人)身边;

不甘寂寞;

没有前途;

不想替别人打工。

看到这些,我想你也能够和L一样恍然大悟。为什么有的人能力很强,脑子不笨,手脚不慢,但一直没有大的发展?因为他们只知道什么是自己不想要的,却没有思考过什么是自己真正想要的。

你在中学是不是学习过布朗运动?花粉在液体中间,被水分子左冲右击,走出弯弯曲曲的不规则路线。那些不知道自己要去什么地方的人也是这样:浸泡在这个世界,没有自己的方向,总被现实"赶"得乱七八糟。我把这种现象称为"生命布朗运动"。这种做生命布朗运动的人,我称为**漂泊者**。

漂泊者很多,他们有一些共同的特征:精力充沛,梦想远大,适应能力强,但没有真正的目标。正是因为他们缺乏真正的目标,所以会下意识地抓住一切或真或假的机会,却在真正需要坚持的时候落荒而逃。漂泊者注定一辈子都在躲避什么,而不是追寻什么。

生命布朗运动

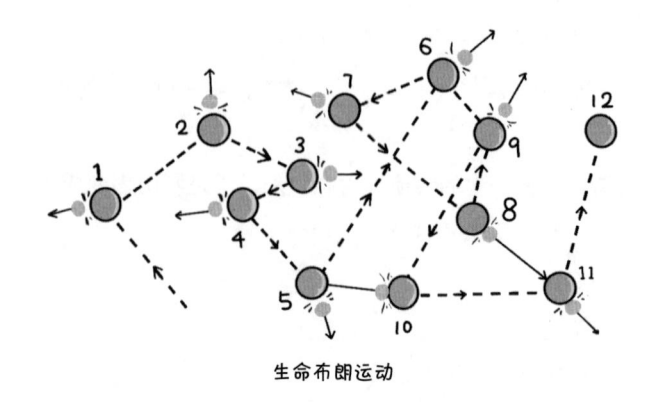

我们还能看到另外一些职业生涯发展者，我称之为**航行者**。你可以在每一个行业的顶尖人物中找到他们。航行者同样精力充沛、梦想远大、适应能力强，但是他们拥有一个真正的目标。

航行者很清楚自己到底要什么，这也让他们敢于放弃一些机会，同时真正勇敢地面对那些需要坚持的地方。

漂泊者与航行者都在向前走，可他们各自能走多远？

想象这样一艘帆船，它有着白色的帆布，棕黄色的船身，高高挑起的桅杆。你站在船首，迎面吹来略带腥味的海风，你把控着宽大的方向盘，感觉到船身在海浪拍打下的微微颤动，以及身体深处那种马上要出发的召唤。你意识到这就是你的生活之舟，这就是你要开始的生活之旅。你要带领你的船员去什么地方？你在对自己说什么？

看看你身边的船。有这么一些航行者船长，他们清晰地知道自己要去哪里，也知道将在哪里停靠，在什么地方补给，与什么样的水手合作。他清楚地知道自己将要经历的危险。虽然他们也没有十足的把握，但他们是专注梦想的船长，你可以从他们那双坚定而安静的眼睛中看到这一切。

也有一些漂泊者船长，他们不知道要去哪里，也不知道什么时候来到了这片海上。为了生存，他们不得不出海。但是由于不知道想去哪里，所以他们躲避一切有风暴的地方。他们的目光迷离，似乎总在寻找危险的信息。他们是躲避危险的高手，这是他们的生存本领，他们能最快地嗅出危险的味道，然后逃往安全的地方。

你是哪一种船长？你会怎样面对充满危险和梦想的大海？

大海很公平，不管哪一种船长，都会遇到危险的风暴：黑色的海浪像巨型的小山，与黑色的天空连接起来；狂风把船只的每一块木板都摇得吱吱作响，好像要把船上所有的钉子都拔出来。

6 如何找到热衷一生的事业

你是哪一种船长？面对这样的风暴，你会做什么？

航行者目光坚定，他透过风暴看到自己要去的地方：那个地方还隔着很多危险的海域，但是那里宁静祥和，阳光轻轻地洒在银色的沙滩上。航行者能看到那个港口，他沉浸在幸福中，并大声发出号令，校准船头，劈开海浪，向着内心的目标航行过去。这么多年，航行者一直在接近目标。

漂泊者看不到远处的目标，他只能看到眼前黑色的风暴。他的脑子里闪过船毁人亡的景象，他的内心被恐惧狠狠地抓牢。他大声哀号，沉浸在恐惧之中。他看到背后还有一小片地方没有风暴，他调转船头，退向那个方向。他也知道，那个方向未来也会有危险，但是不管怎样，先逃离这里再说吧！也有几次，他运气不错，碰到过很好的港口。但是每一个好的港口都有很多强大的竞争对手，对他来说，竞争也是一种风暴。他又调转船头，回到这片大海。你知道，这么多年，漂泊者一直在逃离恐惧。

你是哪一种船长？你怎么看待航行中的风暴？

大海很公平，不管哪一种船长，都会遇到很多的风暴。在痛苦风暴陆陆续续的围剿中，漂泊者永远在躲避一个又一个的痛苦，逃离一场又一场的冲突，最后被逼到生活的死角，痛苦更甚。航行者坚定地穿越那些风暴，因为那个吸引他的目标好像岸上抛过来的缆绳，坚定地牵引着他，让他慢慢驶向自己的圣地。

航行者最终能走出去很远很远，穿过那些风暴，走到自己想去的地方；漂泊者则被恐惧诅咒，一辈子胡乱地漂泊在海上。

Impossible（不可能）和 I'm possible（一切皆有可能）只差一点。那一点，就是你心中真正的目标。

7 原来我还可以这样活

是谁让你不开心？

每一个人都希望拥有快乐幸福的生活，也希望远离不开心、令人沮丧的事情，但是这一切是谁在把握呢？是生活，还是自己？是谁让你不开心？

下面讲两个故事。

司机身上的按钮

有一次坐飞机回北京，晚上 12 点到达北京 3 号航站楼。我在冰天雪地里终于等到出租车，把包往里一扔就钻了进去。司机师傅很紧张："到哪儿？"我说："中关村。"

司机师傅挺开心，说："中关村还行，我昨天大半夜排队 20 分钟拉了一个活儿，一问去哪儿？——望京！我今天一直郁闷着。"

我问师傅："如果我家在南五环，你还不得高兴死。"

师傅笑："那可不！"

我对师傅说："你身上是不是有一个按钮，一个写着开心，一个写着不开心。上来望京的乘客按一下不开心，你就郁闷一天；上来中关村的乘客按一下开心，你就开心一天呢？"

司机师傅说："有点儿意思。"

如果你是司机师傅，你身上有按钮吗？如果有，你会有什么按钮？别人一旦做了什么，会按到你身上的不开心按钮吗？

所谓"人生不如意之事，十有八九"。我们难免会遇到不如意的事情，比如，遇到不讲理的上司，碰到难沟通的客户，或者更糟糕，嫁给一个不靠谱的人。这时候，你是什么反应？你身上有写着"快乐—不快乐""成功—不成功"的按钮吗？谁会触动这些按钮呢？如果总是让别人触动这些按钮，那我们的生活到底是谁在掌控？

就像故事中提到的那位司机师傅一样，这个世界上大部分的人身上都有这样的按钮，让别人掌控着自己的生活。有一些人的

按钮放在胸前，一看就能看到；有一些人隐藏得很好，在很隐秘的地方才能触碰到；还有一些人的按钮被按到后，自己感觉痛苦，就到处去按身边人的按钮。但是这些人都有一个特点：他们的生活经常失控。他们的心智模式是：是外界、别人在掌控我的生命，是他们导致我现在的状态。

一旦安装了这种模式，他们只能小心翼翼地保护那个痛苦按钮，不让别人按到。一旦被按到，除了沮丧，他们似乎也毫无办法。就好像你的老板偏偏要发火；你的孩子就是不听话；明明急得不行，前面的路就是堵得纹丝不动……

他们习惯把痛苦和快乐放在别人手中，有的时候是交给家人、上司，有的时候是交给朋友、同事，还有的时候是交给过去的自己。我们称这种人为"受害者"。你很容易从人群中辨认出他们，因为他们面带怨气，讲话时常使用虚拟语气加过去完成时：

"就是因为他，如果不是……我早就……"
"那个时候我还小，所以……"
"他怎么可以这样！"
"他都这样做了，我们只好……"

禅师与兰花

有一位禅师很喜欢养兰花。有一次他外出云游，把兰花交给徒弟照料。徒弟知道这是师父的心爱之物，于是小心照顾，兰花一直长得很好。可是，就在禅师回来的前一天，他不小心把兰花摔到地上，摔坏了。

徒弟非常担心：自己受罚不要紧，师傅生气、伤心了可如何是好？

现在问问自己：如果你是禅师，你会怎么处理？

禅师回来以后知道了，并没有生气，也没有惩罚。他告诉徒弟："我当初种兰花，不是为了今天生气的。"

这个世界上还有一小部分人，他们拥有一个奇妙的心智转化器，就好像没有痛苦按钮，只有快乐按钮，而且按钮就掌控在自己手中。就像这位禅师，即使兰花摔坏了不是自己想要的结果，但是总有比大发雷霆更好的选择。他们的心智模式是：不管外界如何，我都有能力对自己的状况负责。这种人总能找到当下更好的方法，因为他们明白，不管外界怎么样，下一步的生活都是自己的！老板发火，我可以选择去沟通，也可以选择离开；孩子不听话，我可以选择去教育，或者调整自己讲话的方式；堵车的时候，我可以选择下次不在这个时间出来，也可以选择用这个时间听听音乐或者练练听力……这种人我们称为"掌控者"。

你是受害者还是掌控者？你的大脑里安装了哪种心智模式？

我做咨询和教练多年，发现来做咨询的客户里，大概有六成都是希望换工作或改变环境的人，他们并不是工作或情感真的出了问题，而只是安装着"受害者"模式。这些人在工作和生活中感到痛苦，便下意识地认为是外界的原因。他们认为改变外界环境就能改变自己的生活。

所以，他们花了很多时间和金钱，从一个地方换到另一个地方，从一个人换为另一个人，却从没有幸福过。那些让他难过的问题，会在另一个地方冒出来；那些阻碍他们的瓶颈，会在新工作中重复出现。

他们真正需要的，其实是拆除内心的痛苦按钮，成为一个掌控自我的人。

对掌控者来说，每件事情都是生命的礼物，但是你可以选择是否打开它。

受害者与掌控者模式

作为一个受害者,到底有什么好处和坏处?如果选择做一个掌控者,我们要为之付出些什么?愿不愿意和我做一个小游戏,深入这两种人的内心?

受害者游戏

在脑子里回忆一件真实且让你难以释怀的事情,尝试让自己进入受害者的世界。努力说服自己:这件痛苦的事情其实不是我的责任,全部都是外界(如社会、家人、同事)的原因,我除了抱怨,一点办法也没有!

你也许觉得这个游戏很荒谬:事情发生了,一定是内外因都有的,怎么可能全部都是外界原因或自己的问题呢?记得,这只是一个游戏,你不需要相信自己讲的话,只要全力扮演和体验就好了。

也许你可以先看看下面这个案例。故事的主人公是一位职业经理人，在这个游戏当中，他在大脑里找到了这样一个故事。

"让我最痛苦的事情，就是2006年年底团队成员的离开。我们当初12个人的团队，说好一起互相帮助，一年后竟然只剩下3个人。我特别难受，而且相当气愤。这些人进来的时候，都信誓旦旦地说要把事情做起来，而且也说过一定会对自己的选择负责，为什么一遇到困难就全跑了呢？这样的人，以后不管去哪里都一定会失败，他们人品有问题！而且，我觉得现在的教育也有问题，导致现在的年轻人普遍没有责任感，他们觉得自己讲话说了就说了！这个社会太浮躁，你根本没有办法！"

这个时候有人说："不对啊，我看其他部门不是好好的吗？为什么就你们部门这样？是不是你也有点问题？"

"其他部门是没问题，但是它们和我们不一样啊！我们这个部门是新业务，所以钱不多，又没有固定的计划，压力特别大。公司的高层领导自己不懂战略，总把我们当枪使。"

这个人继续挑战他："是不是你自己没有做好领导工作啊？我听说你手下很多人都是看不到希望才走的。你得给员工一个清晰的计划，这样大家就知道该干什么了。钱少不要紧，关键是怕人心散了。"

"唉，你不知道，我哪有时间做领导工作啊？我自己的事情都做不完！我每天要工作10多个小时，你知道吗？我哪有时间务虚？他们（离开的人）看到我这样辛苦还要走，我真是心寒了。"

"你也真的是不容易。"别人说。

这像不像在你身边发生过的对话？身边的人其实给了他很多很好的建议，但是身处受害者世界中的人非常善于玩一种"是的……不过……"或者"你不知道……其实……"的游戏。这种游戏让他深陷指责，看不到任何可能与希望。

你愿不愿意花 3 分钟试试看，安装一下"受害者"心智模式，体验一下这种感觉？这对你了解自己或者身边的人是一个非常好的机会，但请遵循以下步骤：

- 你难以释怀的故事是什么？
- 你觉得这是谁的错？（请注意，你现在是在玩受害者游戏，所以，不管是谁的错，反正不是你的错。）
- 别人会怎么挑战你的说法？
- 你会怎样反驳他们，这真的不是你的错？
- 确保你完成了以上步骤再往下看。

由于眼中只有障碍，受害者会永远希望世界改变，就好像希望大山走路一样。

实验做完后，回答一下这几个问题：

第一，体验受害者的时候，你有什么比较舒服的情绪？比如，觉得自己很可怜，觉得发泄出来很开心。写到收益表里。

第二，你有什么比较不好的情绪？比如，觉得很绝望或者被揭到痛处。请你写到损失表里。

恭喜你完成一个"受害者损益表"。受害者不是你，那只是你的一种模式。当你更了解它，也就能更快地打破它，开始掌控自己的生活。

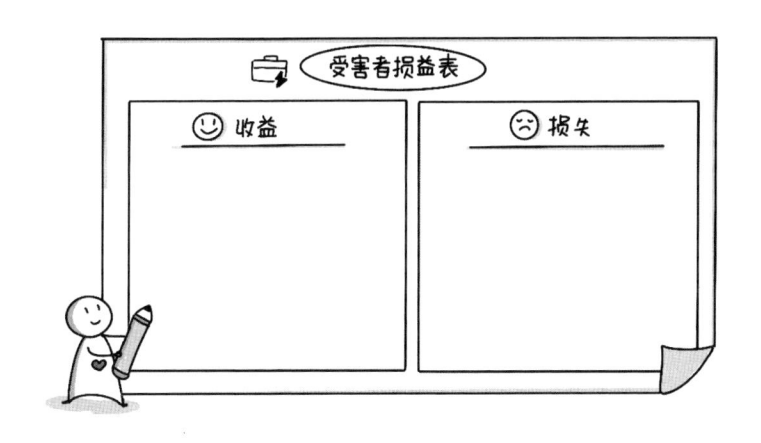

掌控者游戏

现在再试试掌控者游戏。还是回忆刚才那个故事，不过，这一次，你要尝试换一个版本，让自己尝试进入禅师的方式来思考：**不管怎样，你都要论证，我是可以负全责的，如果我愿意，我会有更好的选择！**当然，这也只是个游戏，你不需要相信你说的话，只是努力去做就好啦。

还记得那个倒霉的经理吗？看看这个故事的另外一个版本：

"那次团队成员集体离开，其实我是有责任的。说实话，我在他们离开之前就有一点感觉，他们当中有好几个人都提出想和我聊一聊，不过我那个时候没有注意，觉得自己特别忙，就错过了。如果当时可以真心地和他们聊聊，或者他们就不会走了。"

这个时候有人说："其实也不是，你不是说你很忙，没有时间做管理吗？"

"作为团队管理者，即使自己的事情做不完，也要先做好管理啊！管理工作做不好，大家都没事做，我一个人忙也没有用。而且，如果我很好地发动了大家，我也就不会那么忙了。"

"这也不能怪你，公司就给你们安排了这么一个活，新业务，不好管。"有人安慰道。

"这个项目是我接的，当初我就知道它的难度。而且由于是新项目，虽然没有固定计划，但就是因为有挑战性，我们才吸引了很多人进来。他们的创造力和冲劲都很大，我完全可以利用这个优势来做突破口的。"

"你这么一说也的确是，你真的是太背了，要是早知道他们会离开就好了。"

"现在也不迟啊，我从过去的经验中学习了不少，我可以把这些经验放到现在的团队里！"

怎么样？这个故事有没有给你一些新的思路？掌控者找到问题另外一面的同时，也找到了改变事情的可能性——从过去到现在。

你准备好讲你的"掌控者"心智模式的版本了吗？愿不愿意

花 3 分钟时间试试看，体验一下这种感觉？请遵循下列步骤：

- 你刚才那个故事的新版本是什么？
- 如果你能够负责，那么从什么时候开始？（请注意，你现在在玩掌控者游戏，所以，你能够把控一切。）
- 别人会怎么挑战你的说法，帮你找到借口？
- 你会怎样反驳他们？其实这也是你可以掌控的。

完成这个体验，回答几个问题：

第一，体验掌控者的时候，你有什么比较舒服的情绪？比如，觉得自己突然找到了新的方向。写到收益表里。

第二，你有什么比较不好的情绪？比如，觉得很后悔。请你写到损失表里。

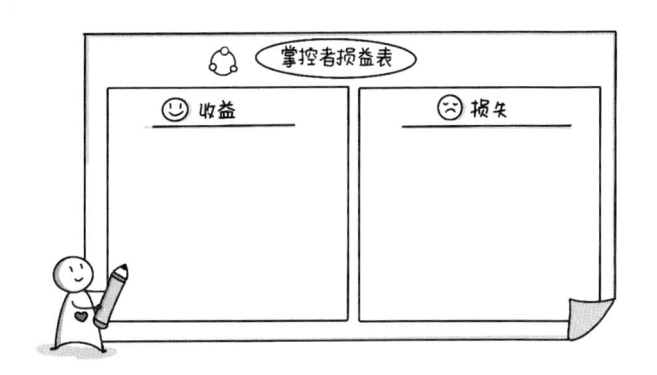

如果把以上四张表单放在一起，我们能够清楚地看到我们从这些不同的模式中获得了什么。

作为受害者，最大的收获是：发泄的快感，被同情，觉得自己其实是正确的。

最大的损失是：觉得失落、绝望、无奈、无助、无力。

作为掌控者，最大的收获是：找到新的可能性，自省，觉得自己可以应付一切，有动力再尝试。

最大的损失是：很有压力，没面子。

你具有受害者模式还是掌控者模式？

受害者生活在让自己舒服的自怜状态里，却失去了掌控生活的机会和可能性；掌控者则需要面临一些压力和没面子，却可以掌控自己的生活。

你最常使用的是哪一种心智模式？

请记住，心智模式无法兼容，你只能选择其中一种。当安装了受害者模式时，我们就只能看到那些让我们觉得无力掌控的受害者故事，我们自己也倾向于活得更加悲摧。如果安装的是一个掌控者模式，我们就能看到掌控者应该看到的东西，但也必须面对掌控者所需承受的压力。

你愿意坚强地掌控还是愿意自怜地受害，请选择。

为什么受害会上瘾?

在生活中,很多人希望成为一个掌控自己命运的人,但最终却还是一个自怨自艾的受害者。

为什么我们对受害那么恋恋不舍、藕断丝连?事实上,大部分受害者都挺享受这个过程的,因为受害者其实有不少隐秘的好处,如果不信,带你去看看"受害者天堂"!

"受害者天堂"的第一条法则:推卸责任,保住面子

> 如果丈夫偷懒不想洗碗,却偏偏和老婆约定"你做饭,我洗碗",这时还有什么比一个受害者的故事更加有效?——"你不知道我有多累,我们老板有多变态!"
>
> 如果孩子没有考好,却遇到父母的追问,这时还有什么比一个受害者的故事更加有效?——"不是我不好好学,是我们老师讲得不好!"

如果任务没有达成，遭到上司的质问，这时还有什么比一个受害者的故事更加有效？——"经理，真的不是我们的问题，实在是那个客户太变态了！"

"不是我的问题，是我太累了。"

"不是我的问题，是别人不好。"

"不是我的问题，是我小时候没有这个条件。"

"不是我的问题，是这个社会太浮躁。"

……

广东人有一句俗语叫作"阿屎唔出赖地硬"，后来，网上有人将其改为"便秘就怪地球没引力"，这句话在"受害者天堂"被奉为绝对真理。

因为奉行这个"真理"，"受害者天堂"的人个个都很有面子，他们完美无缺，神采奕奕，中华五千年的美德集中在他们身上，他们从来没有犯过任何错误。

当然，他们也没有做成过任何事情。

他们活得非常轻松，不需要承担责任，只要编故事就好了！这些故事一开始比较真实,后来慢慢地加入夸大、情绪化的,甚至是虚假的元素。受害者每天生活在这样的故事里,慢慢地,自己也相信自己生活在一个老师不好、老板变态、老婆不可爱的世界。

"受害者天堂"的第二条法则:安心做坏事

《人性的弱点》的作者戴尔·卡内基曾经写信给辛辛监狱(美国最臭名昭著的罪犯关押地)的监狱长刘易斯,希望研究一下那些犯重罪的人是如何看待自己的罪行的。他有一个惊人的发现:

在辛辛监狱中,几乎没有哪个罪犯会承认自己是坏人。他们和你我一样,同样是人,他们会为自己的所作所为辩护,例如,他们为什么要撬开别人的保险柜,为什么会开枪打别人。尽管他们这种反社会行为给人们造成了极大的危害,但是他们大多数人都有意识地以一种错误的逻辑来为自己辩护,并且他们都坚信自己不应该被关进监狱。

你有没有发现,很多做坏事的人都拥有一个完美的受害者故事,这让他们做坏事的时候心安理得。在此摘录几位近年来"受害者天堂"里"诺贝尔受害奖"得主的获奖感言:

> 我还要向没有枪的受害者家庭说一声"对不起",现在想起来,以前有些事情的确做错了。但是我没有办法,因为我要生存。我要说的就是这么多,祝我们的祖国更加美好!
> ——杀人魔头张君(实施团伙抢劫,犯故意杀人罪22次,致28人死亡、22人重伤)

> 我是为联合国省钱。
> ——"石油换食品"丑闻当事人斯特凡尼季斯

> 我杀人是因为我这样的人每天都受虐待。我从来都觉得自己是一个被社会遗弃的人,我很孤独。
> ——16岁的杀人犯卢克·伍德汉姆(枪杀他的父母,然后回到学校杀死9名同学)

"人之初,性本善",正常人做了坏事,良心会不安,但是,"受害者天堂"里的坏人则身心合一。他们的受害者故事帮他们取得"良心豁免权"。

你有没有一些让自己良心舒服的受害者故事?

你有没有买过明知道是偷回来的自行车?你知道这是不对的,是吗?但是你还是买了。因为你有一个关于自行车的受害者故事——我的车也被偷了。

你有没有在感情上伤害过别人？你知道这样做不对，是吗？但是你还是做了。因为你有一个关于爱情的受害者故事——我也是一个被爱情伤害过的人。

你有没有对无辜的人发过脾气？你知道这样不好，但是你还是发了，而且还觉得挺爽。因为你有一个关于情绪的受害者故事——我也受气了，谁哄我了？

你有没有在职场中做过让自己恶心的事情？你知道这样不对，是吗？但是你还是做了。因为你有一个关于生存的受害者故事——为了生存，我这样做也是没有办法。

真的没有办法吗？
真的真的没有办法吗？

"受害者天堂"的第三条法则：让我们一起分享"凄惨故事会"

"受害者天堂"里的人有一个共同嗜好：迷恋受害者的故事。看几首暴露年龄的流行歌曲，你会发现它们都可以归结为关于受害者的故事，因为这样的歌曲最容易获得认同。

怎么忍心怪你犯了错，是我给你自由过了火……如果你想飞，伤痛我背……

——《过火》

明知道让你离开，他的世界不可能会，我还傻傻等到奇迹出现的那一天，直到那一天，你会发现，真正爱你的人独自守着伤悲……

——《痴心绝对》

"受害者天堂"的情节，同样也充斥在其他地方，比如电视剧、言情小说等（请注意，真正的悲剧和受害者故事是有很大区别的，简单来说，就是悲怆和悲情的区别）。

曾几何时，许多地方电视台都有不止一个受害者节目——你一定注意过这种节目。这种节目的形式往往是讲故事或者访谈，它们的宗旨可以概括为"我比你更惨"。比如，老婆必然出轨，男友一定不忠，儿子肯定不孝，嘉宾互相撕咬……"我比你更惨"的节目收视率相当高，因为受害者往往都是"很好"的电视观众：有的人在节目里找安慰——"对对对，这个世界上怎么有这样霸道的人"；有的人则在节目里找快感——"我惨不算惨，还有人更惨，哈哈哈"。每天晚上，"受害者天堂"的人们心满意足地关上电视机，安心入睡，他们每一个人都在别人的受害者故事中收获了不少廉价的快乐。

在"受害者天堂"，如果你失恋了，你的女伴会聚集起来，陪你喝酒，说男人没有一个好东西；如果你上午被老板骂了一顿，你会很快被拉进公司的受害者小分队，他们中午聚餐的主要任务就是一起讨论自己的老板有多变态；如果小孩子不小心摔倒哇哇大哭，家长不会怪小孩没有走好，而会边打地板边说"臭地板，臭地板"，然后孩子笑了。

在这样一个"受害者天堂"，我们每天沉浸其中，居然会慢慢习惯，享受其中，开始分享……

"受害者天堂"的第四条法则：用受害获得同情和帮助

"受害者天堂"里的人喜欢当受害者，还因为受害者容易轻松地获得理解和帮助。

在"受害者天堂"，女孩子很早就知道，假装无助会获得男生的帮忙。她们很早就学会了假装弱不禁风，让男生帮忙提热水瓶或者拎行李上楼。她们总是听到这样的告诫：女人要懂得装傻，女孩子不要太能干，否则没有人会喜欢你。男生也被教育喜欢这样的女生，他们发明出一系列广告词："女子无才便是德""楚楚可怜"……

在"受害者天堂",职员很早就知道通过假装自己的无能来获得帮助。"啊(嘴巴张大,挠头),这个我不懂""这个我做不来""能帮帮我吗?"然后自己偷着干别的事情。

在"受害者天堂",人们甚至还有机会什么都不干,以受害为生,职业乞丐可能是最具代表性的一类人。镇江公安分局车站派出所在劝返安徽省一个职业乞丐熊某回家时,被他的收入吓了一跳,熊某基本上三五天存一次钱,一次 500~800 元,两个月收入就能过万。除了职业乞丐,我们身边也有不少人以"精神乞丐"为生,他们为了轻松获得帮助,最好的办法就是卖惨哭穷,到处诉说自己的伤心往事和糟糕经历,然后找一个好心人群体待着。他们很快可以卖出悲惨,换得足够的情感和物质支持。

装着装着,他们开始变得无能、柔弱。他们一边把自己搞得越来越惨,一边获取更多的情感支持;他们内心一半暗爽,一半自怜，享受着身边人源源不断的帮助。

终于有一天，他们完全进入自己编写的"受害者天堂"剧本。这个时候，业余受害者升级为专业受害人士，成为一个"情感黑洞"（心理学术语叫作"边缘性人格"）。他们会无休止地寻求关爱，表现得犹如孤独的弃儿，抑郁、酗酒、暴饮暴食，带着过去的惨痛经历寻求帮助。当他们身边所有的支持者都被搞得身心俱疲、无力支持的时候，他们会痛斥一句"原来没有人爱我，你们都抛弃了我"，然后转到下一个好心人的群体中……很可能，他们一辈子都要以此为生了。

"受害者天堂"的第五条法则：自我伤害，绑架他人

> "我很痛苦，我想和男朋友分手，但是怎么都分不掉。"
> "为什么啊？"
> "因为他说如果我离开他，他就去自杀！"

你听过类似的话吗？这种话对你有效吗？这是受害者最后一大好处，他们用自我伤害来操纵他人。受害者往往都是控制狂，如果不能控制别人，他们就狠狠地伤害自己。下边看一个著名的"受害"故事[①]：

> 琼瑶是影响了华语地区几代人的著名言情小说作家。她的小说处女作《窗外》发表后，大获好评，并被搬上了银

---

① 生死一线的体验 [OL]. http://qiongyao.zishiba.com/wodegushi/16236.html.

幕。她的父母在电影公映的第三天去看了电影，看完之后，母亲瞪着琼瑶。琼瑶回忆说："世上再没有那样的目光，冷而锐利，是寒冰，也是利剑。"不知瞪了多久，母亲狂叫："为什么我会有你这样的女儿？你写了书骂父母不够，还要拍成电影来骂父母！你这么有本事，为什么不把我杀了？"琼瑶扑通跪下，抓住母亲的旗袍下摆，泪如雨下。

母亲并没有饶恕琼瑶，她要用自虐来折磨和鞭挞琼瑶的良心，她要用自身肉体的痛苦把琼瑶推上"审判席"。她要重新取得胜利，让女儿俯首称臣。第二天，母亲开始绝食。大家轮流到母亲床边，端着食物求她，母亲就是滴水不进。第四天，琼瑶从一大早就双手捧着碗跪在母亲床边，哀求母亲吃点东西，但母亲理都不理，闭着眼睛不说话。到了第五天，琼瑶6岁的儿子小庆跪在"奶奶"面前，说："奶奶，你不要生妈妈的气了，我端牛奶给你喝！"

母亲依然不理，小庆又说："奶奶不吃东西，妈妈不吃东西，大家都不吃东西，小庆也不敢吃东西……"

琼瑶再也忍不住，走过去和小庆一起跪在那里，小妹也走过来跪下，大家一起跪下了，那场面十分凄惨。母亲终于一边掉着眼泪，一边喝了小庆捧着的牛奶。

看到了吗？受害者母亲先是插自己一刀，然后要求女儿为这一刀负责。如果稍微有迟疑，就再给自己来一刀——不信你不听！这就是受害者最高级的"葵花宝典"。

更加可怕的是，小庆居然很快也学会了这一招，"奶奶不吃，小庆也不敢吃"。奶奶遇到了这样的晚辈奇才，也只好见好就收。

但是，受害者的心智模式就这样传递下去了。通过自我伤害来绑架他人是如此好用，以至我们身边流传着不少这样的套路，"一哭二闹三上吊""绝食自杀""今夜不回家"都是经典桥段。你会发现那些上演过这些桥段的家庭，经常会一代代地演下去。

你有没有去过"受害者天堂"？

这个天堂给了我们那么多好处：推卸责任、安心做坏事、找到团队、获得帮助和同情、保住面子……正是由于有那么多好处，我们总是对此恋恋不舍。没有人想当命运的奴隶，除非这个奴隶有不少的好处。

所以，生活没有压力的时候，我们真诚地希望掌控自我。但一旦遇到问题，受害者模式又习惯性地带我们回到这个"受害者天堂"。受害者模式变成我们的"心理吗啡"，我们通过它来逃离短暂的痛苦，也让自己陷入无法自控的长久折磨。

我们在这个天堂获得短暂的快乐和安全，却永久地损失了自信、自省的能力，以及未来的可能性。最可怕的是，我们失去了对自己生命的掌控。因为受害者模式坚信，自己的快乐与否、成功与否都掌握在他人手中。

对生命屈服有很多种，最可怕的那种就是喜欢上"被奴役"。

拒绝受害，掌控生命

我有一个好朋友，最近有点烦。他的好兄弟离开公司自己创业，还想拉他一起干。他刚刚建立家庭，孩子还小，不想太折腾，一开始他拒绝了。但是对方情深意切，登门拜访，而且一聊就是三四个小时，到最后他终于不好意思就同意了。

去新公司上班前一天，他给我打电话，说："我真的很发愁，我应该去吗？"

我说："你为什么要来问我呢？"

他很苦恼地说："其实我不想去，只是觉得实在无法推脱，每次谈话前一小时，我都打好主意不去，但是到最后我又稀里糊涂地答应了。"

我说："人家谈一小时你就不去，谈三小时你就去，你把去不去的权利放在谁手上了？"

"对，"他若有所思道，"他谈是因为他很需要我，但是去不去我应该自己做决定。不过，我真的很希望帮他。"

我说:"我现在也在帮你,但是不是一定要你付费才算支持?"

他说:"我明白了。你的意思是,其实我可以用其他方式帮他的。"

他去新公司做好了答应做好的事情,然后回到原来的公司继续开心地工作。

每个人都是自己命运的掌控者,却往往因为外界的态度改变自己的意愿。所以,不管是三小时还是一小时,都不要把你的命运放到他人手上。

在课堂上,学员莉莉分享了自己掌控职场的故事:

"我做行政多年,觉得不适合这个行业,想进入人力资源行业。正好我现在的公司枝繁叶茂、体系全备,所以在公司内部换岗是最好的选择。"她明确了自己的职业发展方向,也做好准备,就信心满满地开始她的职业转换计划。

几周过去了,莉莉还是没有任何进展,但是,她拥有了一个受害者的故事:"我给部门主任写信了,他倒是挺尊重我的意愿,说如果对方同意要,你可以走。但是人力资源部主管海伦却一直没有表态。我想,我可不能当受害者啊,我继续给她写信,每周一封,结果还是等来了套话式的拒绝。你说,我是不是没有办法了?我也想当一个掌控者,但这次是公司制度问题,对方不要我,我有什么办法?只好等着她来选啰!"

老板可以掌控吗?公司可以掌控吗?当然不能,你唯一可以掌控的是自己。你不能让老公不抽烟，但是你可以选择成为一个可以心平气和与他沟通这件事情的女人；你不能掌控股票不跌，但是可以掌控自己的心情，同时学会在下一次避开风险；你不能掌控运气，但是可以学着掌控自己识别与抓住机会的能力。在莉莉的故事中，你无法掌控公司和对方部门经理要不要你，但是你可以掌控自己，让自己成为更加被需要的人。莉莉很快发现了自己的误区，她决定反击：掌控自己的命运！

第二天上午，公司人力资源部经理海伦收到一封莉莉发来的邮件，她在信里告诉海伦，我已经开始报名学习人力资源师了！海伦礼节性地回复了一句"加油"！

时间又过去两周，海伦收到莉莉学习人力资源课程的一篇感想和一篇专业文章，并且咨询海伦，是不是可以就相关问题向她请教。莉莉这次还是收到了淡淡的回复：欢迎交流。从此开始，海伦每周打开邮箱，都能看到关于莉莉对人力资源最新的见解和思考。海伦从信里还知道，莉莉参加了人力资源的聚会，正在阅读关于这方面的书，还在帮助北大的一个教授做研究，两个月后考取了人力资源师证书……

4个月后，海伦打开邮箱，收到莉莉最后一封信："谢谢你的支持，××公司希望我过去做人力资源，这是我一直以来的梦想，希望能够保持联系。"

15分钟后，莉莉抬头看到海伦脸色灿烂地站在她面前，并且说出了那句莉莉期待很久的话："你有兴趣在我们公司做人力资源吗？"

看明白了吗？如果你愿意，你总是可以掌控些什么。

你没有必要得到允许才开始学习，也没有必要得到机会才开始努力。如果愿意，你现在就能够为这件事情做些什么，除非你的受害者模式让你陷入深深的抱怨与自怜中。

拒绝受害，掌控你的命运。

如何面对世界的不公平

刚刚毕业的大学生最爱讲的一句话就是：这不公平！

你有没有发现，随着年纪越来越大，讲这句话的人越来越少，而且每次听到别人说这句话的时候还会暗暗发笑。因为在他们看来，这句话就如同"妈妈是女人"一样简单、明白。

那么，这个世界是公平的吗？

有人说世界是不公平的。每个人生下来起跑线就不同：有人抱怨没有一个好父亲，有人抱怨没有好的天赋，他们觉得世界太不公平了。

有人说这个世界是公平的。每一个人都需要面对死亡。面对死亡的时候，每一个人都需要直面生命的价值。这个价值，是你可以去创造的，与起点无关。

关于这个问题，双方争论良久，没有结论。我不想继续争论下去，只想给你讲一个寻找公平的故事。

离开，能解决问题吗？

十几年前，我在武汉见了一个朋友，那时他40多岁，正在办理澳大利亚移民。他在公司摸爬滚打多年，觉得实在不公平，他说："没有关系的，累死也上不去；有关系的，敢踩着你脑袋拉屎。"偶然一个机会，他遇到了移民到澳大利亚的同学，一番长谈下来，他也决定举家移民去澳大利亚。

所以，十几年后当他告诉我他想回国发展的时候，你知道我有多惊奇。我问他："为什么回来，澳大利亚不是最公平吗？"他揉揉脸，和我说了两件事情。

他在澳大利亚遇到一个自己的小老乡，一个小姑娘，在澳大利亚上TAFE（职业技术教育学院，类似国内的高职院校）。澳大利亚规定，只要他们修完烹饪、美发等技术课程，且有900小时直接工作经验，就能获得长期居留权。这是所有去澳大利亚学习TAFE的人的梦想。但是，澳大利亚政府又规定，留学生每周工作时间不得超过20小时。也就是说，他们至少要在澳大利亚连续打工45周，每周20小时，才能攒够工作时间。但是，当地所有餐厅都忙得要死，再加上本地劳动力保护，哪里会有地方雇用这种每周只上20小时班的华人打工者？像她这样来自普通家庭的人，既需要工作时间也需要薪水，所以只能选择在华人街的中餐厅打黑工。每天除了上课，她还要再工作6小时，一直到凌晨一点，然后拖着疲倦的身体，从悉尼华人街"四海一家"的牌子下面走过，穿过几个街区，到自己合租的小房子里休息。周六、周日也是全天上班。

这样一份工作，因为可以开出工作证明，所以即使只能拿到很少的工资，也有很多人竞争。这怎么办？如果失去了这个机会，她用尽家里所有积蓄出国就会变得毫无价值。于是，她只好用最后的方式来获得留在澳大利亚的机会——和餐厅老板，一个50多岁、满口金牙的男人住在一起。朋友说到这里，看着我，确定我知道他的意思，然后深深地叹了口气："那个女孩子才19岁啊，和我女儿一样大，正在最好的时候……我一直以为澳大利亚会公平一些……"我拍拍他的肩膀，以示安慰。我还想告诉他，他也许还算幸运的，因为他能花钱移民澳大利亚（至少要花20万美元，这还是2010年的物价水平，现在肯定不止）。在中国，大部分家庭根本支付不起这笔费用。

真正让他回国的是第二件事情。每天下午4点，他都会在社区附近的绿地散步。悉尼的空气清新宁静，草坪从脚下一直延伸到天边。草地上一群孩子在嬉戏。这里的孩子没有太多功课，下午3点就放学了，剩下的时间就是玩——这是他在澳大利亚最喜欢的场景。有一天，他走到活动区，看见一个中国父亲带着两个男孩子。两个孩子七八岁的样子，穿着蓝色的吊带工服。中国老话说"七岁八岁狗都嫌"，这两个小家伙正是最淘气的时候，他们在地上翻滚，互相打闹，用普通话在说着什么……朋友在一旁开心地看着他们。为了孩子，这难道不是来这里的重要原因吗？就在这个时候，他们的父亲走过来，喊着他们的英文名，并且很严肃地对两个孩子说："Speak English!"（讲英语）两个孩子愣了一愣，然后停止说笑，沉默地走开了。那时候周围没有任何人，为什么这个年轻的父亲不让自己的孩子讲中文呢？那一瞬间，他突然想了很多，似乎看到了自己的生活。那是他在澳大利亚的第三年，他已经拿到了居留权，但决定马上回国。

"我还是想回来，踏踏实实做点事情。"他2007年回来，开了一家留学中介公司，用自己在中澳的关系，致力于帮助中国学生找到更安全和更有效的出国留学方式。

我们生活在一个处处不公平的世界，所以总希望在另一个地方会有我们追求的真正公平。我们期待过富有，期待过结婚，期待过进城，期待过出国……但是，这一切在真正实现的时候，你才发现自己依然要面对一个不公平的世界。

这个世界真的有公平吗？在中国，教育的不公平是被反复提到的话题。我们都知道，中国的高考非常不公平，不同地区的孩子会受到不同的待遇。有一个经典的故事说，在北京某工地的一个民工与总工程师聊天的时候才发现：他们同一年高考，而且分数相同，只不过一个落榜，一个进入了大学。同时，很多人都大谈特谈美国的教育有多公平。美国大学的入学，是真正公平的吗？

显然未必。拿申请大学来说，一个美国本地的孩子，只需要在（老）SAT中获得2100分（满分2400），加上良好的素质，就有可能申请到美国排名前十的名校。但是中国大陆的孩子至少需要接近满分才有可能进这样的学校。（老）GRE也是一样，当美国人1200分（满分1600）就可以过关的时候，中国大陆的学生则需要1400分才能进入最好的学校。

这种不公平的制度，是不是只是针对中国留学生呢？其实不是，这也许是一种普遍的肤色的不公平。我在网上找到一个华裔移民的帖子，觉得很有道理：

斯坦利·帕克,一个韩国移民的孩子,家庭收入微薄。3年前,父母离婚,他跟母亲过,但母亲得了乳腺癌。于是,他小小年纪就开始给人家当家庭教师,帮助母亲付房租。尽管他用了大量时间去打工,但在(新)SAT中仍取得了1500分的高分。然而,当他申请加州大学的伯克利分校和洛杉矶分校时,全被拒绝了。

巴尔卡·马丁内斯,另一个移民后裔,也因母亲得了乳腺癌而要打工养家,不过她的(新)SAT成绩比帕克低了390分,仅考了1100分,但收到了那两所学校的录取通知。

为什么会如此?因为马丁内斯是拉美裔的后代,帕克则不幸长着一张"亚洲脸"。

我帮助过很多孩子申请到美国排名前20的大学。我知道进入美国一流大学不仅仅是SAT或者GRE分数的问题,同时还要考察很多综合素质:有没有参加公益活动,有没有独特的素质和领袖故事,有没有自己的愿景,有没有名校背景……但是,上述这一切软实力很大程度与普通人家的孩子无关。普通人家的孩子无缘昂贵的学习班、各种国际夏令营,以及各种课外锻炼机会,甚至都负担不起出"国考"SAT的费用……

我不想陷入一个关于"本来就没有绝对的公平,其实我们总能多做一点"的讨论,我只想告诉你:不管你跑到哪里,**世界都是不公平的,我们既无法让这个世界永远公平,也找不到一个永远公平的地方。**

如果你愿意,我可以在后面的书里举出更多这样的案例,实际你也能从身边找到很多类似的案例,也会听到很多不同领域的专业人士告诉你：这个世界就是不公平的。难怪比尔·盖茨对青年人的10条忠告中的第一条就是：

> 生活是不公平的，去适应它。

那些希望通过换地方来找公平的人，就像泰坦尼克号上的乘客——从一个船舱逃到另一个船舱，却发现这个船舱也在下沉。

所以，如果有人对我说："这不公平！"我的回答是："是的，世界就是不公平的。"

往上爬，就会更舒服吗？

有人说，如果不能逃离不公平，那就捏着鼻子往上爬，有一天如果可以进入特权阶层，我要踩在所有人头上，是不是很爽！

这可能吗？比如，创业真的能让你感觉掌控一切，没有一丝不公平吗？

> 有人过来找我说："我要创业！"
> 我问他："为什么？"
> 他说："因为不用看老板的臭脸，也因为不用忍受不公平的待遇！"

如果仅仅是为了不受气，我建议这样的人不要创业。我正在创业，心里非常清楚：当老板的不仅要看工商、税务、消防的脸色，还要看下面所有员工的脸色。而且你还会发现，即使你当上了企业一把手，企业与政府之间也是不公平的；即使你当上了国家领导人，国家与国家之间也是不公平的。

　　有人说，社会就是一棵大树，树上爬满了猴子，每一只猴子都笑脸向上，屁股向下。如果你向上看，看到的全是屁股；如果你向下看，看到的全是笑脸。如果你今天爬到树的中间，你会做何感想？你会不会想说，我踩着你们的头，上到顶端就好办了！但是当有一天爬到树顶，你才发现，你爬上去的是森林中最矮的一棵树，其他树上还有无数在你头顶拉屎的猴子！也许你还有斗志，继续向上爬。等你爬到森林最高的一棵树的树顶，突然砰的一声，你被撞得眼冒金星。这时你才发现，这个森林上方的蓝天其实是一层无法打破的透明钢化玻璃。

这个世界是不公平的，你活得越久，站得越高，看得越清，你就越会意识到，世界的本质其实就是不公平。老子说："天地不仁，以万物为刍狗。"这也是很多科学家、法学家、企业家最终遁入宗教寻找安宁的原因。他们曾经努力希望创造一种公平，但是，当努力到一个很高的高度时，他们却发现自己依然面对的是无法改变的不公平。比如，梁启超在戊戌变法前后，就曾呼吁学佛、信佛，晚年对于佛学简直到了如醉如痴的地步。他这样写道："社会既屡更丧乱，厌世思想，不期而自发生，对于此恶浊世界，生种种烦懑悲哀，欲求一安心立命之所；稍有根器者，则必遁逃而入于佛。"[1]

世界是不公平的。如果你要公平，换地方没有用，往上爬也没有用，因为那些在你上面的猴子和你一样。那么，知道了这个道理，你会怎么做？

也许你终于长叹一口气，这个发现让你的受害者模式非常舒服：难怪我活得不够好，原来社会本身就是不公平的，这当然不是我的错。

比较友善的想法是：如果这个世界到处都不公平，我应该找到一个自己可以忍受的不公平方式或者程度，然后快乐地生活下去。

我最喜欢的想法是：如果这个世界到处都不公平，那么我应该找到那个能让我改变的不公平，然后用自己的方式影响别人——这样会不会让这个世界更加美好一些？

如果你还年少，你相信世界是公平的，那是天真。

如果你已成年，你还在寻找绝对公平，那是愚蠢。

---

[1] 梁启超.清代学术概论[M].朱维铮，导读.上海：上海古籍出版社，1998.

我们无法让这个世界永远公平，也找不到一个永远公平的地方，我们需要学会培养对不公平的免疫力。因为**学会如何面对不公平，远远比学会如何评价不公平重要**。

除了妥协，你也可以改变世界的不公平

还是谈谈美国，让我们看看美国当年有多不公平。

20世纪40年代是美国教育资源严重不平衡的年代，当时美国的常春藤盟校如同豪门的私人俱乐部。肯尼迪家去哈佛大学，布什家去耶鲁大学，"常春藤"是他们世袭权力的第一步。

爱德华·肯尼迪（约翰·肯尼迪总统的弟弟）生于1932年。因生于豪门，他得以进入哈佛大学，但很快因为考试作弊被除名。在那个年月，这样的富家子弟自视能凌驾于一切规矩之上。考试作弊被除名，那么就再申请回去。

1960年，他哥哥当选美国总统，空出了自己在马萨诸塞州的参议院席位。弟弟爱德华当时才28岁，而法律规定年满30岁才有当参议员的资格。不过，新总统自有安排：他建议州长任命自己的一位朋友填补这一参议员席位，这位朋友等到总统弟弟年满30岁后马上忠诚地将议席让出。

怎么样，这个故事有没有让外国的月亮扁一点？美国的"高干子弟"（肯尼迪家族）可以不考试就轻松地进入最好的高校。被发现考试作弊就走人，然后再大摇大摆地重新入学，简直视哈佛大学如公厕，视参议员的席位如占座。老百姓和有权人家的孩子相比，就是这么不公平！

你有没有面对过这种明目张胆的不公平？比如，在今天，北京的孩子可以以低得多的分数进入北京高校，农村的孩子却往往连一本辅导书都找不到，只好一遍一遍地翻看课本？有些人寒窗苦读十年考得一个好分数；有些人则可以通过赞助费、走后门，轻松挤掉属于你的名额？

其实，这一切也在美国发生过，而且美国大学更加露骨：各所私立大学一直在招收一定比例的"遗产学生"，即以特殊标准录取一些豪门特别是给学校捐款的富豪子弟。他们拿走的就是另外一些同样优秀但无钱无权的人的教育机会。名校经历的背后是整个美国的名校情结：克林顿夫妇、奥巴马、2009年上任的美国最高法院大法官索尼娅·索托马约尔，全是清一色的"常春藤"。特别是美国最高法院，几乎被哈佛、耶鲁和哥伦比亚大学的三大法学院一手遮天。

面对这种现状，你准备做些什么呢？

面对这种现状，你又做了些什么呢？

抱怨？愤恨？觉得世界不公平？发誓要超过那些人，还是决定出国？

前面说过，出国会更加公平吗？那只是"另外一棵树"罢了。

我要给下面案例中的这个人崇高的敬意，他也遭遇过这样的不公平，但看看他是怎么做的。[1]

这个人叫卡普兰。1939年，20岁的卡普兰以优等生的

---

[1] 薛涌. 美国应试教育之父卡普兰的历史意义 [N/OL]. [2009-09-06]. https://news.ifeng.com/opinion/world/200909/0906_6440_1336624.shtml.

7 原来我还可以这样活

身份毕业于纽约城市大学，但连续申请5所医学院均被拒绝。他在自传中写道："**我是犹太人，我上的是公立大学，真是祸不单行。**"他觉得很不公平，他认为，只要医学院也有入学考试，他就能向校方证明，他这样一个从公立大学毕业的学生完全不输任何一所私立大学的毕业生。

当时犹太人很受教育歧视，社会没有给他们接受高等教育的太多机会，唯一的突破口就是考试。犹太人靠考试成绩大量挤入常春藤名校，甚至在哈佛、耶鲁等名校引起恐慌。它们要想办法"解决犹太人的问题"，美国大学中专门设立的录取办公室（Dean）就是这么来的。它们的办法是把"品格"作为衡量学生的重要标准，冲淡了考试成绩的重要性，成功地降低了犹太学生的录取率，捍卫了传统的垄断地位。

这就是卡普兰的时代。整个犹太人受尽盎格鲁—撒克逊人的排挤，而他恰好是最弱势群体中的一员。卡普兰对不公平做出了回应。他没有埋怨，也没有屈服，而是把精力放在犹太人唯一可以依赖的武器——考试上。卡普兰于1946年开始研究针对（老）SAT的应试办法，研究如何在短期内提高（老）SAT分数。

考试机构告诉学生，参加卡普兰的系统培训完全是浪费钱。但是当越来越多参加卡普兰系统培训的学生取得好成绩后，联邦行业委员会（Federal Trade Commission）坐不住了，他们决定对卡普兰展开调查，以证明他在做虚假广告。

1979年，调查报告出炉。让专家大跌眼镜的是：卡普兰的培训能够提高英文和数学部分的成绩各25分（总分为200~800分）！这个调查结果是对卡普兰培训最好的全国性广告（人称"美国俞敏洪"）。从此他的事业一发不可收拾。希望通过努力进入名校的高中生源不绝地参加卡普兰的培训。他们通过自己的努力提高了（老）SAT成绩，这在很大程度上弥补了社会对他们的不公平待遇。卡普兰一生致力于让更多没有特殊背景的人通过（老）SAT考试获得本该属于自己的教育机会。他引发了一场"考试革命"。

现在，虽然上得起SAT补习班的还是富裕家庭的孩子，但肯尼迪如果活在今天，不可能找人代考，分数还是要他自己考取的。另外，美国大学的录取办公室对富人的经济优势也很警醒。当年作为排挤犹太人工具的"品格"评价，如今被用来照顾弱势阶层子弟。特别是在精英大学，富裕家庭的孩子必须考得更高，才能和穷孩子竞争。穷孩子则因为显示了"克服生活中的挑战"等品格而获得加分。总的来说，平民子弟出头的机会多了不少。

卡普兰引发的考试革命，被称为教育民主运动，他改变了整个美国对人才的选拔机制，因此被称为"美国应试教育之父"。

我想，我们或多或少都有过类似卡普兰的经历吧。你当时的反应是什么样的？你有没有抱怨、愤怒或者妥协？所幸卡普兰没有，他把焦点放在自己能做的事情上，他用自己独特的方式对抗世界的不公平。他发起了一场运动，改变了千千万万个如同他一样没有特殊背景的人的命运，甚至改变了一个社会对资源的分配。

这个世界是不公平的，你抱不抱怨都一样，关键是你为这种不公平做了些什么。如果世界完全公平，那么我们只剩下按照这个公平的方式来生活，这样岂不是无趣得很？

从这个角度来说，学会如何面对不公平，远远比学会如何评价不公平重要。不公平是我们生命的契机，是生命提供给我们让自己和世界变得更加美好的机会。

再讲一个案例。

2010年年初，广州正在实施亚运会前的"迎亚运，穿衣戴帽"市政工程。按照市政府的计划，有81条马路的人行道地面砖和路缘石需要改造。计划还要求，不论新旧与否、能不能继续使用，这些道路元素都统一由过去的混凝土改为价格不菲的花岗岩。工程一旦开始，广州就立刻成了一个大工地，被挖得处处"狼烟"。

如果那个时候你去过广州就会知道，上下班的时间点，在天河区附近一堵一个多小时是常事。那段时间我正在广州讲课，出租车司机上车就骂修路，一直到下车连续50分钟都没重复，我被他指桑骂槐的功夫逗得一直乐。我说："你口才这么好，干吗不反映上去呢？"司机说："我们这些小市民，有什么办法啊？"

小市民有办法吗？

2010年1月24日，一位操着广东话口音的男子，戴着墨镜和口罩，背后挂着大大的一个宣传板，手里拿着厚厚的一沓投诉单，出现在广州亚运整治工程咨询会上。他逢人便派传单，见人就说："我每天都经过广园路和环市路，看着漂亮的花基被砸烂，好好的路沿被捣碎。说是要全部更换成花岗岩，心痛得不得了！向政府各级热线打电话不下15次，向人大、政协多次去信，每次都没有下文！就算是迎亚运改造也不能这么浪费，有钱何不用来建设解困房、搞教育卫生……"

"口罩男"引起了媒体的注意，广州市的相关领导也破例接见了他。次日，工程管理部门火速宣布，除了已完工和新建的路段，其他20余条道路的维修工程不再统一使用花岗岩，一律按原状整饰。这意味着广州可以减少5100万元的支出。

"口罩男"太帅了！

为什么要戴口罩？因为虽然帮市政府省了5100万元，但是不知道会损害到多少施工单位的利益，所以"口罩男"坚决不露面。他太明智了！

面对不公平，无聊的人冷嘲，懦弱的人抱怨，聪明的人跟随，清高的人躲避，勇敢而智慧的人则尝试用自己的方式去改变，用自己的力量来掌控我们这个世界。我尊敬这样的人。一个人面对不公平的态度，最能反映他的品德。

不公平就好像空气，充满世界每一个角落，我们每一瞬间都身在其中，无法逃离。关键是，在呼吸之间，你是在做有意义的事情，还是让自己慢慢老去。

其实我们可以为自己的生命掌控些什么：

我们可以掌控自己的升职，
我们可以掌控自己的面子，
我们可以掌控我们的政策，
我们可以掌控世界的不公平，
虽然这些很难，但是值得。

我愿意用我的精神偶像列侬的话,结束关于掌控的这一堵"墙"。

You may say I am a dreamer,
But I am not the only one.
If some day you join us,
The world will be as one.

——*Imagine*

译文:
你也许会说,我只是一个梦想家,
但是我不是唯一的一个。
如果有一天,你也加入我们,
世界会合而为一。

——《幻想》

拆掉"受害"这堵墙

从后知后觉、当知当觉、先知先觉、不知不觉四个角度来谈一谈如何拆掉"受害"这堵墙。

后知后觉

第一,找到受害者情景。

定位自己最容易受害的情景是让自己找到受害者情景的最好方式。每一个人都有独特的受害者模式,不妨留心一下:有些人觉得自己总是情感受害者;有些人一旦遇到恶劣的服务就怒不可遏;有些人则是遇到别人的评价就照单全收,然后暗自委屈。

问问自己:什么时候觉得最没有掌控感,最没有力量,那就是你的受害者模式。

第二,找到受害者故事背后的模式。

为什么会这样?为什么我对这件事只有受害的份儿?受害者

模式其实来源于过去某个时刻的故事,而故事的主题往往是"面对……我没有办法"。

比如前面提到的"口罩男"。那么多的市民之所以没有成为"口罩男"而成为受害人,是因为我们从小被灌输一个信念:"面对政府决定的事情,我没有办法。""面对有背景的工程承包商,我没有办法。"

他们有很多受害者故事:"这不是我能管的事""我有家有口,怎么得罪得起?"其实真正的解决办法只需要一张海报和一个口罩。

再比如,那些声称被男人抛弃就活不下去的女子,她们也许从小就被反反复复地灌输"没有男人就活不下去""除了爱,只有死"的故事。所以,她们一旦不幸失去了自己心爱的人,就会觉得生活没有选择。

无法拒绝别人要求的"面子受害者",他们的脑子里有什么样的故事呢?也许是"我很孤独,我没有朋友不行""我不能让别人看不起"这样的故事在左右着他们。

第三,给自己一个新的掌控故事。

找到这个故事,然后说服自己:过去的过去吧,我可以现在就掌控我的生活。尝试把这个情况当成别人的事情,给自己写一封信:

如果这一切发生在你身上,我觉得你可以做的是……

当知当觉

第一,尽快意识到自己的情绪。

受害者往往伴随着一种凄凉的自怜情绪，就好像喝酒买醉时那种隐隐的快感。一旦有这种感觉，就要注意，你的"老朋友"就要来啦！

第二，让自己与这种模式共处一段时间。

别着急一下子摆脱这个模式，让这个模式与自己共处几次，好好摸摸这堵"墙"的高度与厚度，真正理解和认清楚之后再下手！

第三，尝试拆掉它。

你可以开始根据自己的故事，试着拆掉这堵"墙"。想象用一把思想的小锤子，轻轻敲敲自己的脑袋，然后告诉自己：拆掉它！然后按照你的新故事行动起来。

先知先觉

观察这个情景发生的地点，提前调整好心态。

一个父母亲的受害者找到自己的掌控故事后，可以在给父母打电话之前重温一下自己的掌控故事。你可以尝试用不同的方式和他们沟通，即使他们完全不可理喻，你也可以选择不受他们的干扰，然后，去拨通父母的电话。

不知不觉

这是你想要达到的最佳状态。能够掌控这个心智模式的人，会体会到那种久违的掌控感,他们会轻松跨过生命中那些曾经却步不前的地方。偶尔回头看看那群被隔绝在自己思维之外的人,他们会奇怪为什么这些人做不到呢?

恭喜你成为这个掌控自我的人。

8 幸福是一种转换力

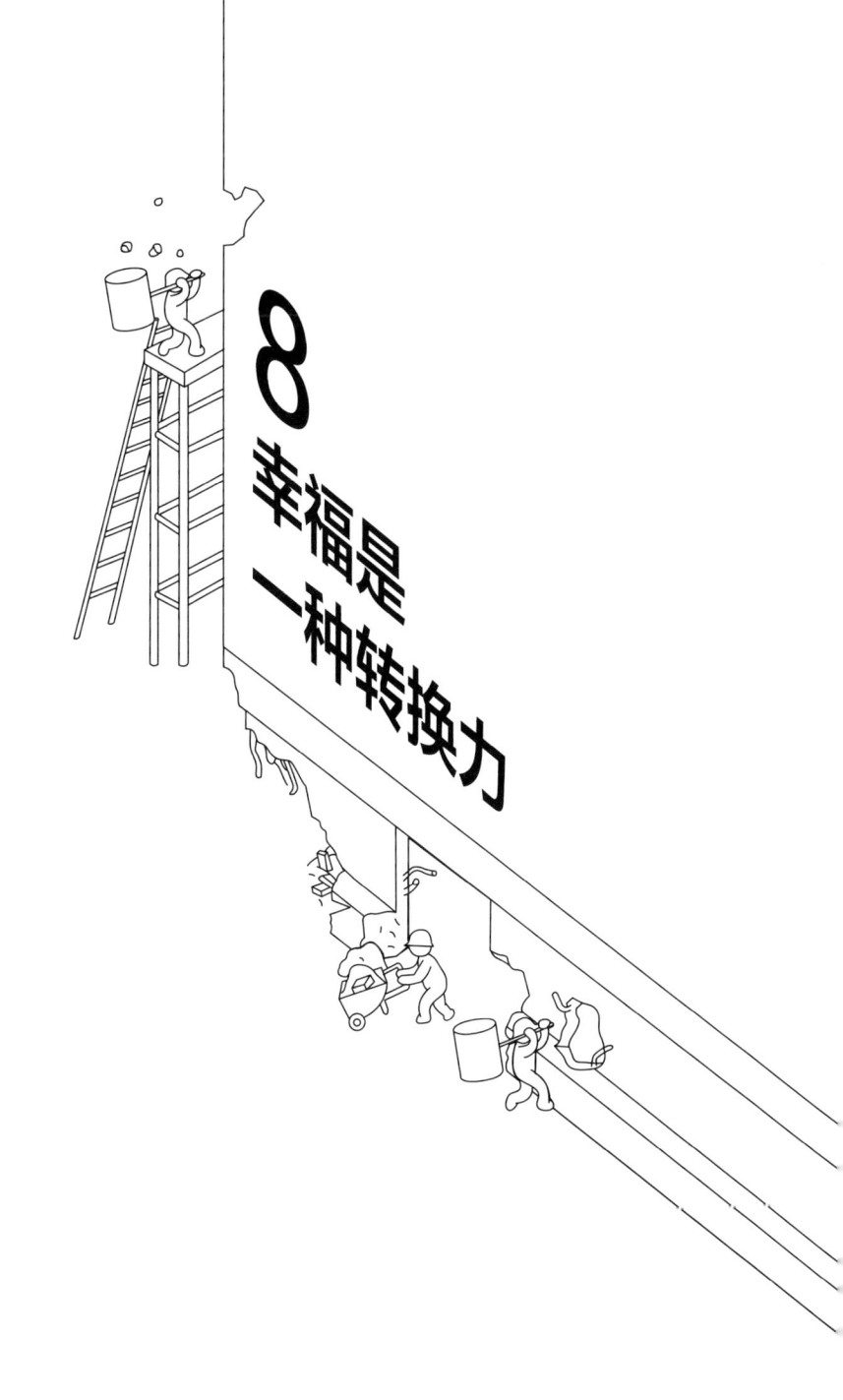

你活在父母的剧本里吗？

下边这段对话，看着是不是有点眼熟？

紫：唉，师兄啊师兄，我曾经是多么不想做科研，但现在看来做科研可能是最靠谱的路。人生啊，真是一言难尽。

古：如果你只是害怕，那就做科研吧。

紫：呵呵，你怎么知道我害怕？我害怕去公司。

古：真正的职业方向是那种不顾一切都要做的事情。

紫：你说得非常对，可是我做不了那种想让我不顾一切要做的事，因为我没办法不顾一切。我本来想去美国读营养学的，那才是我真正想做的事。我想出国，我能出国，但是我男朋友出不了国，他说如果让他出国陪读对他不公平，那样做我就太自私了。而且我爸妈也不想让我出国，尤其是我妈妈，她会太想我。我觉得人生的悲剧，不是你不具备得冠军的实力，而是你的亲人根本不让你去做运动员。所以，只能看着别人得冠军了。

古：到底是你觉得自己无法当冠军，还是你觉得自己可以为了他们放弃冠军？

紫：有什么区别吗？我分不清。

古：前面是悲剧，后面是喜剧。前面是你被迫选择的生活，后面是你主动选择的生活，只不过重心没有放在职业上而已。

紫：我想是前面一种吧。

古：也就是说你谁都不想得罪，所以什么都做不了。你对所有人说 Yes，然后对自己说了个 No。

紫：不能用"得罪"这个词，是我放不下，放不下我的妈妈，放不下我的爱人。如果没有他们，我的人生又有什么意义？

古：没有自己，你的人生有他们又有什么意义？拿你的男朋友说吧，他就不知道自己爱的是谁，你也不知道。

紫：如果我坚持自己想做的事，那么牺牲掉的可能是我人生中最珍贵的东西。如果是你，你可以放下你的老婆，也不顾及你的妈妈，然后执意去做吗？

古：如果两者真的完全冲突，我一定会选择先做自己。

恕我孤陋寡闻，我真的很少看到有哪个国家的父母，会像我们中国父母那样，为自己的孩子牺牲那么多，同时又给他们提那么多的要求。他们总是把自己缺失的东西强加到孩子身上，并从小教育他们，这就是幸福。这种故事就发生在你我身上。

下面是我的故事。

由于外公出身问题，"文革"中，我的妈妈从一个师大附中的优等生变成了没户口的知青，被大学拒之门外。听爸爸说，"文革"后他们结婚，我妈妈什么条件都没提，只有一个：让我读书！

一年后,她以惊人的毅力怀着我考入了电大。在生下我以后,又马上投入下一学期的学习。不知道多少次,我在摇篮里咧着嘴、憋红了脸哇哇大哭,妈妈则忍着泪水不去看我,继续在电视屏幕上抄下一两个单词。三年后,她从电大毕业了。

但是这只是电大啊!可以想象当年的妈妈对身边这个不断干扰她看书的孩子寄予了多大的期望。那个时候还没有出国,所以妈妈的想象也就止步于清华、北大。她一定无数次地对尚在襁褓中的我说:你长大了要去清华、北大读书!

后来改革开放,她知道了哈佛、耶鲁,想象力也进一步扩大,帮我把人生目标定在了国外名校。按照她给我的规划,最好的生活就是出国,读到博士,然后找一个女人,生一个博士的后代。为了这个梦想,妈妈存下每一分钱,宁愿走很远的路也不打车,从来不在路上买水喝。

有时候我想,如果我是一个"乖孩子",也许我们家真的会更加和睦。我会拿着这笔钱出国,然后生一个"博士后"。可惜我不是,我只是我,我是一个挑战者。我背离了父母给我读建筑工程的路线,走入了设计的路途,又从出国的路途上"开小差"走入了新东方,然后又在新东方最好的时候,出来做职业生涯规划。

我无法实现妈妈对我的规划,也无法按照她希望的时间表出国、结婚、生孩子。但是,我现在很幸福,而且,妈妈也开始幸福了。

我们的父母很容易有这样的思维方式,把自己的缺失放大,强加于儿女身上。尤其是独生子女家庭,儿女占用了所有资源,所以也承担着所有希望。当资源付出到一定程度，这样一场对儿女的"爱的绑架"就开始布局了：如果你不按照我的计划，我就会伤心，就会内心压抑，偷偷饮泣，"我这一辈子把你养大，现在过得这么累，都是因为你！"

很多父母一再告诫自己的孩子："你的幸福就是我的全部！只要你幸福，爸爸妈妈做什么都可以！"你觉得这是动力还是压力？

这个时候儿女脑子里面的心智模式也被启动了，我们从小被教育要听话、要孝顺，让父母伤心是很罪恶的事情。这个时候叔叔、伯伯、邻居大妈也以同谋者的姿态出现，他们苦口婆心地劝你："父母还不是为你好？你现在还不懂，以后就知道啦。"

最终这场打着爱的旗号的绑架一拍即合：儿女愿意为父母放弃自己的想法，进入父母为他们准备的"万事俱备，只欠东风"的生活中。这种生活，父母在自己脑海里预演了多年，到今天终于由你来实现，他们感到无比欣慰。

你今天到任何一家婚姻介绍所，都会发现来相亲的父母多过孩子，他们希望替子女选到理想的丈夫或妻子；你到培训中心，也会看到等待的家长比孩子还多，他们希望孩子不要输在起跑线上。有一位接受采访的家长曾对着电视镜头说:"我不能还他一个童年,如果那样,我就会欠他一个成年!"

可是,这是谁要的成年?

父母为孩子苦心写好一场生命的剧本,仔细打磨,多方求证,打理好所有演出成功所需的明暗规则,只等孩子戴上面具,登台表演,然后等待掌声。结果却常常事与愿违:孩子带着怨气表演,最后无法掩饰内心的难过,摔面具罢演。

"父母爽—我不爽"的双输模式

我们身边常有这样的故事：

一个很优秀的女孩子，突然宣布结婚。原来，男方是父母为她看好的。参加婚礼回来，朋友都羡慕得不行。大家都说，她的先生英俊潇洒，性格很好，事业稳定，为人忠诚。可是，仅仅三年后便听说他们在闹离婚。双方父母震惊，朋友不解，闺密相劝，都不管用。有一次朋友聚会，我在香山脚下的一个咖啡馆里遇见她。问到离婚的原因，她淡淡一笑说："他什么都好，只有一个缺点，就是我不喜欢。"

活在让别人为你设计的生活中也一样：这种生活什么都好，也许只有一个缺点，那不是你真正热爱的生活。你可能会享受几天，然后忍受几个月或者几年，在最后只能选择放弃自己或放弃别人，没有好结局。

因为一旦你决定进入这个**"父母爽—我不爽"**的模式，双输循环就开始了。

你的生命就像你的家，因为你的不坚持，所以由别人进来布置。可是，你不要忘了，在里面住一辈子的人可是你啊。

　　因为你的懦弱，你的无主见，你会让整个家庭陷入"我很不爽—父母不爽"的状态。其实我们完全可以有更好的选择。

"我不爽—父母爽"的模式

	我不爽	父母爽
我不爽— 父母爽	我觉得无力，但是还能忍	父母开心，觉得终于让孩子幸福了
我不爽— 父母不爽	• 我觉得失控，越来越无法忍受； • 我开始自暴自弃，还抱怨都是你们弄的	• 父母开始发现我不幸福； • 父母觉得很抱歉，但劝我再坚持一下
我很不爽— 父母不爽	我觉得自己的人生很失败	父母放弃坚持，觉得自己怎么会有这样的孩子，他们的人生很失败

"我爽—父母不爽"的双赢模式

对那些打着爱的旗号,设计你生命的人而言,不管他们的武器是循循善诱、哭天喊地式的情感攻势,还是"外面世界很无奈""你年纪太小不懂事"之类的恐吓,你都要坚持如下心智模式:我爽—父母不爽。

因为只有坚持做你喜欢的事情,你才会真正幸福起来。你的父母会慢慢发现:他们坚持的只是让你幸福的方式,如果你真的用自己的方式找到幸福,他们也会真正地快乐。

在新东方的一天晚上,一个学生过来请教我关于她和她父亲之间的矛盾。她的父亲希望她可以继续读法律研究生,而她希望自己成为一个室内设计师。我问她:"你和父亲沟通过吗?"她摇头说:"我爸爸那个人是不会理解的。"

这个时候一个中年人走过来,他也许是来接孩子的家长,也许是一个听课的学生,总之他之前一直在旁边,安静地听我们的对话。他打断我的回答,对那个学生说:"这位同学，我是一个军人，也是一个孩子的父亲。我想告诉你，作为一个父亲，如果我的孩子真的让我意识到某条路会让她幸福，我会全力支持她，只要她真的可以让我知道。我相信你的父亲也是一样。"

我不知道那个学生最后有没有去和父亲沟通，但是我相信全天下的父母都希望孩子过得幸福，而且拥有自己的幸福。他们只是需要看到你所选择的那条路的希望。

"我爽—父母不爽"的模式

	我爽	父母不爽
我爽— 父母不爽	我选择自己喜欢的事情，并开始行动	父母生气、绝望，甚至打算放弃我
我爽— 父母观望	• 我有一点内疚，但还是坚持做自己喜欢的事情； • 我坚持做自己喜欢的事情，慢慢小有所成	• 父母很绝望，觉得孩子大了，自己有想法了，不听话了； • 父母开始怀疑自己的判断，但是依然不确定我现在的选择是对还是错
我很爽— 父母爽	我觉得自己生活很幸福	父母放弃坚持，觉得我的选择很不错

所以让你的父母停止怀疑的最好方式，就是你尽快开始行动，然后用事实证明给他们看！而等到那一天，这个模式就变成了"我很爽—父母也爽"的状态。最有讽刺意味的是，你发现唯一能让他们爽的方式往往是：先让他们不爽。

李安导演，想必大家并不陌生。他横跨中西文化，电影几乎拍一部火一部，叫好又叫座。《卧虎藏龙》《少年派的奇幻漂流》都是享誉全球的影片，拿奖拿到手软。

可是，李安导演却是父亲眼中"失败的儿子"。早年间，李安考大学连续两度落榜，直到第三次高考，才勉强考上一所三年制的艺术专科学校。

李安学戏剧、学电影，父亲勉强接受，但心中总觉得不甘。他不希望长子做一个逗人开心的"戏子"。即便学戏剧，至少也要做教授才好，这样才不至于辱没门庭。

当李安以《喜宴》拿下金熊奖时，父亲仍希望他改行。拍完电影《理智与情感》后，父亲还说："小安，等你拍到50岁，应该可以得奥斯卡，到时候就退休去教书吧！"

天知道，如果李安导演听从了父亲的安排会怎样。

李安说："现在，我格局比较大了，但心理障碍依旧存在，我一回台湾就紧张。搞戏剧，我是跑得越远能力越强，人也越开心；一临家门，紧张压力就迎面而来。"但是，"我真的只会当导演，做其他事都不灵光"。

这个故事是不是很熟悉？当年让父亲感觉丢脸的李安，如今不只成了家庭的骄傲，甚至成为"华人之光"，正是因为他坚持着"我爽—父母不爽"的心智模式。

在我们今天这个物欲横流、价值观单一、家庭压过自我的世界，坚持自己真的是一件需要勇气的事情，尤其在刚刚开始那几年。我还记得在我坚持走这条艰难之路时，曾经反反复复地听一首歌——李宗盛的《和自己赛跑的人》。我想把这首歌的歌词送给所有与自己赛跑的人，希望这首歌能给你们勇气，让你们相信坚持自己是值得的。

和自己赛跑的人

亲爱的兰迪,我的弟弟,你很少赢过别人

但是这一次,你超越自己

虽然在你离开学校的时候

所有的人都认为你不会有出息

你却没有因此怨天尤人、自暴自弃

我知道你不在意

因为许多不切实际的鼓励

大都是来自酒肉朋友或是远房亲戚

人有时候需要一点点刺激

最常见的就是你的女友离你而去

人有时候需要一点点打击

你我都曾经不止一次地留级

在那时候我们身边都有一卡车的难题

不知道成功的意义就在超越自己

我们都是和自己赛跑的人

为了更好的未来拼命努力

争取一种意义非凡的胜利

我们都是和自己赛跑的人

为了更好的明天拼命努力

前方没有终点

奋斗永不停息

人生董事会，你是最大股东

如何做到"我爽—父母也爽"呢？给你三条建议。

不要抱怨

不要抱怨父母暂时不理解你（这也是受害者情结）。他们那个年代没有受过这样的教育，也没有看过古典写的这本书，或许也没有机会给自己的生活做一个选择。他们和你一样，第一次面临今天这个变化的世界，他们只是用自己的方式来爱你。如果你一直抱怨，其实就是在证明，你真的是一个应该被父母掌控的人，因为你无法掌控自己。

巧妙处理那些可能对也可能错的建议

父母的确会给你很有效的建议，你也的确会对自己生命做很不切实际的计划。事实上，我们总是高估了自己计划的正确性和他们建议的荒谬性。如果你安静下来好好听，你会发现其实你们讲的是同一个计划。

要判断这些建议是否对你真的有好处，最好的方式是低成本地尝试和体验一下。比如，去他们建议的单位实习，接触一下从海外回来的人，或者，见见那个他们强烈推荐的小伙子，然后用你自己的头脑来判断。

万一你错了怎么办？错就错了呗，你还能收获很多的经验和下一次再来的勇气呢。在按照自己的方式生活之路上，错误是一种最好的也是必需的学习方式。

如果你希望永远安全地生活，不犯任何错误，还是回到你父母为你设计好的"水管"去吧，你不适合当一条蜿蜒的河流。

尊重他们，尝试沟通

如果你希望你的家庭进入"双赢"状态，那么只有你能停止这种自毁式的家庭模式。开诚布公地跟父母畅谈一次，像成年人一样拿出自己的理由和证据，用事实和数据来说服对方，把自己的幸福主张告诉他们。

面对家庭的压力，大多数人用的其实还是孩子的战术：把自己锁在房间，冷战几天，或者大哭大闹，让自己觉得凄凉，甚至离家出走。这样的行动只会强化一个想法：你看，他（她）还是个孩子。

你不妨把自己的梦想当成一家上市的董事会，你和你的父母都对"你"这个公司有一定的发言权。他们占有一定的股份，也有权利发言表达观点，而你也有义务认真倾听、考虑。但记得在关于人生的董事会上，你永远是最大的股东。

做自己，还是演自己？

想象一个普通的两口之家，一个男人和一个女人：

男人负责工作，给家庭创收，他的任务是如何在最短的时间内赚到最多的钱。

女人负责持家，让家庭快乐，她的任务是如何用最少的资源换取最多的幸福。

男人理智、坚定。他清楚地知道外面的世界什么地方有机会，什么地方有陷阱。他了解一切知识。他制定出清晰的目标，不顾一切地去实现。

女人温暖、包容。她清楚地知道家里最需要什么，什么东西有价值，怎样让家里更舒服。她了解一切感受，用直觉去做该做的事情，并且努力去支持和给予。

这个家庭本来应该很幸福。男人白天出门，打工赚钱；女人购买家里需要的东西，把家里布置得井井有条。男人在家里总是感到很幸福，第二天出门工作也更加充满活力。

但是有一天，男人参加了一个同学会，遇到了一个已经事业有成的老同学。老同学告诉他:"你这也叫幸福?钱要赚得多一点,更多一点,再多一点,不能比别人少。房子要大一点,更大一点,再大一点。这就叫幸福,而这一切都需要钱。"

男人觉得同学讲的话很有道理。于是,他工作更加努力,回家的时间越来越晚,赚的钱也越来越多。

女人面对越来越多的钱却直发呆,因为他们的交流越来越少。由于太久没有沟通,她也不太清楚男人到底喜欢什么。慢慢地,她觉得心里特别空,有时候整整一天不知道干什么。女人病了。

男人不了解女人,这么多钱,她应该开心啊?他以为是自己赚得还不够多,所以继续赚钱。但是每天回到家,他总觉得家里很空。为了躲避这种空,他开始少回家。他感受不到以前的幸福,只好用其他方式来寻找自己的幸福。他每天晚上都数一遍钱,看一遍自己的名片,上网搜越来越多自己的名字,然后说服自己:你看,我很好。

终于有一天,他也病了。

他们想不通,问题出在哪里呢?

这是一个再常见不过的家庭故事，不过我在这里讲的，是一个关于我们自身的隐喻。

男人就是我们社会的自己，他按照社会要求的游戏规则工作，获取更大的利益。

女人就是我们内心的自己，她按照我们价值观的规则工作，获取更大的幸福感。

而那个家庭，就是你和我。

每一个人身上都有两套系统：社会系统（男人）负责满足外界要求，换回生活需要；自我系统（女人）负责满足内心需求，把这些东西转换为我们心灵需要的价值，让我们快乐。社会系统总去做更有用的事情，自我系统总去做更有趣的事情。

这个系统像不像我们的身体？社会系统好像我们的手，负责从外界摄取食物；自我系统好像我们的胃，负责把食物转化为营

养，传送到身体各处，让我们的身体健康，手脚有力量。

如果你的身体营养不良，也许是因为吃得不够好，但大部分时候都是你的胃出了问题，你缺乏把食物转化为营养的能力。如果你觉得生活出了问题，也许并不是因为你赚得不够多、名声不够大，而恰恰是因为你缺乏一种把物质转化为幸福的能力。

幸福是一种转换力。

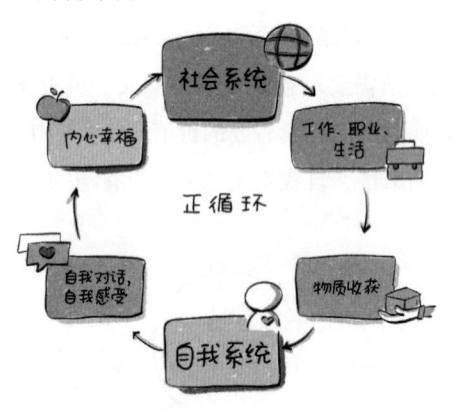

由于花了太多时间关注社会系统，很多"成功人士"不懂从成功与财富中吸取生命的营养。他们觉得饥饿，于是下意识地占有更多物质。他们的生命像是一座华丽的城堡，有华丽高贵的外墙、黄金的圆顶，人们围观而羡慕。城堡的内部却是毛坯房、竹板床。你说他是贫穷还是富有？你说他是可恨还是可怜？

谁动了我们的幸福?

"我要比你更好"的执念

　　你刚从电梯中走出来,推开塑料门帘,冷风扑面而来。北京的冬天很冷,凉风从你的领子处往里灌,你浑然不觉。你两只手插进裤兜,右手在玩着一张银行卡——刚刚年终总结会上,由于你的优异表现,公司奖给你一张卡,里面有2万元。对刚刚毕业两年的你来说,这是一笔不错的收入了。你盘算着,怎么样花掉这笔钱。

　　你第一个想到的是给父母1万元,他们养育你这么多年,很不容易。想到父母拿着一沓钱的表情,你很欣慰。

　　第二个想到的是给女朋友一个惊喜。你们在一起很久了,好像没有给她买过什么像样的衣服,她却从来没有抱怨过。想到她上次去商店,试了几次,看完标签又快快放下的那条项链,你决定一会儿去把它买回来!

　　你深吸一口凉气,走到天桥上,看到桥下车水马龙。大城市总是这样喧闹。路两边的高楼，入夜后慢慢亮了起来。你幸福地想，也许未来会在这个城市买一个属于自己的小房子呢。

这时，你的电话响了，接通电话，那头传来的是你同班同学小明的声音："兄弟，我们公司刚刚给我发了4万元，走，晚上咱撮一顿去！"

放下电话，你开始愤愤不平了：小明怎么能拿这么多钱？就他那个窝囊样！他们公司不是不怎么样吗？怎么发这么多？

刚才的快乐烟消云散。

刚才你看到了我们身体上两个系统是如何作用的。

给父母钱、给女友买项链和拥有自己的小家，这是你的自我系统在工作。这个系统的功能在告诉你：这件事情对你的意义是什么，该用这些钱兑换什么，才能换回来最多的幸福和快乐。我们的自我系统还有一个特征：享受当下。当你还在憧憬、还未得到的时候，你就进入幸福状态了。这是我们自我系统的功能，就好像小时候春游的前一天兴奋得睡不着觉一样。这时我们往往用很少的资源，有时候甚至只是一点点希望，就能让自己快乐幸福。

然而，对小明的嫉妒打败了这一切，这是你的社会系统在工作。这个系统的功能是告诉你：这件事情对社会的意义是什么，别人怎么看，有没有做得比其他人好。社会系统还有另外一个特征，它只有在获得正面评价后才会觉得快乐。就好像小时候的考试一样，不管你是不是努力，考得比别人高才是硬道理。

社会系统的你其实不喜欢成功，你喜欢的是比别人更成功；

而自我系统的你,其实也不喜欢成功,你喜欢的是成功的过程与希望。对自我系统来说,成功就是越来越近。

本来这两个系统一个管外,一个管内。正如前面的比喻,一个是手,一个是胃。管外(手)的社会系统,通过与外界的比较,推动你更好的表现(比如,让你努力获得优异的表现);管内(胃)的自我系统,把资源转化为绵绵不绝的幸福(比如,让2万元转化为幸福感)。

这本来是个运转良好的系统,但小明的电话却启动了你的社会系统:一个不如我的人竟然拿到比我高一倍的奖金。你的社会系统冒出来,一脚踹醒你感觉良好的自我系统:喂,可不能随便幸福!我们一定要拿到5万元的时候,才能够幸福!于是在这样的思维方式下,你只有在自己拿到5万元,或者得知小明公司倒霉之后,才会感到幸福。我们过分关注外界的感受,所以社会系统开始越界,掌管我们的幸福。

但是,这么下去,真的会幸福吗?

答案是不会。

心理学家通过调查一万人的快乐程度与收入关系后发现,虽然收入在某种程度上起重要作用,但人们更看重与别人比较的结果。

不要忘记社会系统的运作方式:与他人比较,然后超越别人,最后获得短暂的满足。在这个系统下,你很快会发现这个世界上有年终奖拿10万元的人,有比小明差100倍却比你活得好10000倍的人。于是,你的社会系统会帮助你定下一个目标,然后再继续挑战……树立更高的目标,继续挑战。

英国华威大学教授克里斯·博伊斯指出:"过去40年里,每一个人的生活水平都提高了,所有人都是这样……我们的车变快,邻居的车也变快,与那些跟我们关系密切的人相比,我们没有优势。"他说:"如果朋友年薪是他们的两倍,这些人可能年薪100万英镑(现约合人民币900万元)都不觉得快乐。""一些人住着大房子,开着新款汽车,但如果在熟人圈中房子不是最大、汽车不是最新,他就感觉不到这些物质本应带来的那份快乐。"

我们的幸福感,很大部分就是在这种"比你更好"的比较中流失的。

"我要更多"的贪婪

文豪列夫·托尔斯泰经常一出手就是《战争与和平》这样的大部头,其实,他一直很羡慕像莫泊桑这样的短篇小说家,也曾尝试写短篇,其中不乏精品。

《一个人需要许多土地吗?》讲的是一个叫帕科姆的地主向巴什基尔人的头领购买土地的故事。当他问及土地的价格,头领告诉他:"我们的价格一直不变:一天1000卢布。……我们以天为单位卖地,你一天走多远,走过的土地都是你的,而价格是一天1000卢布。……但有一个条件:如果你不能在当天返回出发地点,你就将白白失去那1000卢布。"

帕科姆从第二天早上开始圈地,他努力地往外走,一直到不得不往回走,才发现自己走得太远了。于是他用尽全力狂奔回来,在最后一刻回到了原点,但却吐血而死。他的仆人捡起那把铁锹,在地上挖了一个坑,把帕科姆埋在了里面。帕科姆最后需要的土地只有从头到脚6英尺那么一小块。

"帕科姆情结"是不是就是那种有口无胃的人？这些人有强壮的手脚，却没有胃。他们感觉不到幸福，只能感觉到饥饿。他直到死的时候都不知道，其实人只需要从头到脚6英尺长那么一小块土地。

总有人会比你更成功，你也总能得到更多！被社会系统接管自我系统的人，像在食物堆里饿死的无胃人一样，永远吃不饱。正如我前面谈到的成功正态分布，成功从来都是少数人的游戏。社会先给我们定义"成功"（一个到达才允许幸福的资格），然后狞笑着让我们参与一场永远只有少数人笑、多数人哭的游戏。

社会系统与自我系统分离的"空心人"

从什么时候，社会系统开始接管我们的幸福？那是在我们很小的时候，在我们没有把自己弄丢之前。

正如故事一开始看到的一样，我们在很小的时候，社会系统和自我系统是一体的。我们为了一块食物会放声哭泣，为了一个拥抱会哈哈大笑，父母也希望我们是那个样子。所以，那个时候我们身上的两套系统非常和睦，我们做的就是我们想的，我们想的就是我们做的。

但是慢慢地，社会系统和自我系统开始分离，因为他们会进入这样一个社会：

我是　　我有
BEING　HAVING

　　小学一年级的时候，你跑过去告诉妈妈，你得了 100 分。妈妈很高兴地摸摸你的头，说："真是妈妈的好孩子，妈妈爱你。"

　　第二个月你跑过去说："妈妈我得了 50 分。"妈妈说："你还好意思回来？我没有你这个不争气的东西！"

　　你的自我系统说："我想要妈妈的爱。"

　　你的社会系统马上回答："那需要考一个好分数。"

　　它们慢慢明白了一个道理：妈妈爱分数，跟我没有什么关系。

　　哥哥高考成绩出来了，兴冲冲地回家说："我考上清华了！"于是亲戚们敲锣打鼓地说："真了不起，老早就看出来你是一个聪明的孩子。"

你高考成绩出来了,兴冲冲地回家说:"我考上'哈佛'了!"于是亲戚们也敲锣打鼓地说"真了不起",但是,你又继续解释:"是哈尔滨佛学院。"于是大家都带着奇怪的眼神对你笑着说:"你爸你妈供你读书不容易,你要好好学习。"

你的自我系统说:"我想要亲戚喜欢我。"

你的社会系统回答:"谁让你考不上清华,大家都喜欢清华的。"

它们慢慢明白了一个道理:亲戚喜欢的是清华,和我没有什么关系。

你的第一份工作,你遇到陌生人立刻递过去名片——经理,对方说:"经理您好您好,快请进。"

你的第一份工作,你遇到陌生人立刻递过去名片——助理,对方说:"助理你好你好,你先等一下。"

你的自我系统说:"我想要受尊重。"

你的社会系统回答:"那就需要去当经理。"

它们慢慢明白了一个道理:经理受人尊重,跟我没有什么关系。

面对爱情,你对女朋友说:"我爱你。"她问你:"有房吗?"你说:"有。"她说:"我好爱你,永远。"

面对爱情,你对女朋友说:"我爱你"。她问你:"有房吗?"你说:"有,租的。"她说:"我很爱你,但是……"

你的自我系统说:"我想要女朋友。"

你的社会系统回答:"那就需要有房。"

它们慢慢明白一个道理：女朋友爱我的房子，跟我没有什么关系。

终于有一天社会系统对自我系统说："你怎么搞的？我们俩一起出去混世界，结果每次都和你没有什么关系！不如你不要出来了！"

自我系统于是伤心地回到家，发誓再也不出门。

自我系统就这样慢慢萎缩了，社会系统也就这样越长越大。在未来的日子里，社会系统获得了妈妈的"爱"、亲戚的认同、社会的尊重，也获得了女朋友和经理的名片，但是总觉得内心空空的。虽然它拥有很多很多的东西，但是却丢掉了自己的自我系统，不懂得兑换幸福了。于是获得来自自我系统的礼物越来越少：内心的激情、动力、充实与宁静。

我们很听话地长成一群有脑无心的人，就像北京大学徐凯文教授说的那样，我们罹患一种"空心病"。这是一群有逻辑没情感的人，一群讲高度不讲尊重的人。我们长成别人要求的样子，并以此为荣。

就这样，我们把自己弄丢了。

这一章，我们从父母干涉慢慢讲到社会对人的影响，你可以按照社会设置好的方式去工作，按照社会设置好的方式去竞争，按照社会设置好的方式去交换，但是，一定不能按照社会设置好的方式去幸福。幸福是不能被预先设置的！

那么到底该怎么做呢？

社会系统与自我系统的比较

	社会系统	自我系统（幸福系统）
希望……	有用	有趣
评价标准	单一社会价值观：有钱，有权，外在价值	多元自我价值观：多种多样，内部价值
遵循规则	社会规则	自我方式
意义	提供生存发展的条件，如工资、房子、声誉	提供生存发展的动力，如动力、激情、快乐、自信
成果	• 工资、房子、车子 • 名与利 • 对与错	• 爱情、友情、亲情 • 自我认同 • 和谐与宁静

9
成长，长成自己喜欢的样子

因为很贵，所以很好吗？

"这件衣服不太衬你哦。"
"不会吧，这可是名牌货，2000多元呢！"

你一定对这样的对话习以为常了吧？衣服穿在身上就是为了好看，为什么不好看还穿？后面的人说了："价格2000元！名牌呢！"

这个逻辑非常奇葩。因为2000元，所以就应该好看吗？因为贵，所以就好吗？

这样的逻辑还有很多，比如相亲的时候，有人会告诉你：

"上次介绍那个人怎么样？"
"我不喜欢。"
"哎呀，小姑奶奶，这个男孩子很优秀的！他才27岁就有房有车了，很多人追的，你怎么会不喜欢呢？"

27岁买房买车，可能说明公司喜欢他，但是公司喜欢他等于我也喜欢他吗?

我们总是混淆两个概念:一个是价值,一个是价格。一件事情有价值,也有价格,价值来自自我系统,价格来自社会系统。

价格来自统一规定。每一个小体系都有自己的规定:工资1000元的想涨到10000元;本科毕业的想读硕士,硕士毕业的想读博士;科长想升处长……没有价格,就没有规矩,社会就不会进步。

价值来自内心的感受,每一个人都有自己的价值系统:书柜里面发黄的信纸,对别人一文不值,你却一万元也不卖。这就是价值。价值让人感到生活的意义,让人活得幸福。

衣服的价值不高(不好看),但是价格挺高(2000元);男人的价值不高(我不喜欢),但是价格挺高(有房有车)。

在很多时候,价格和价值不总是对等的:贵的饭店,菜不一定好吃;有钱的男人不一定适合你;名牌的衣服不一定好看。关键是适合你的内心。你要清楚地知道,你要什么价值。

价值与价格的关系

	价值	价格
衣服	好看	2000元
爱人	我喜欢,和他在一起感觉很好	有房有车,事业有成
生活伴侣	过上好日子	有房有车,事业有成
房子	温馨的家庭	100万元
工作	生存,成就感,被认同	5000元/月

聪明人根据价值选择合适的价格,蠢人通过价值选择不合理的价格。最糟糕的是一群有脑无心的人,他们不知道自己要什么

价值，于是他们只好按照价格来判断价值。如果这群人碰巧还是固执而影响力很大的人，这件事情就加倍糟糕。他们不仅自己按照价格来判断价值，而且还试图要求别人和他们一样——别管什么价值了，按这个标准一起玩儿吧！

价格游戏如此简单，以至完全不需要体会自我的好恶，这让"丢掉"自己的人很满意：2000元的衣服就是比1000元的好看；有房有车的男人就是比没房没车的男人好；100万元的房子就是比80万元的温馨；月薪过万的人就应该比月薪5000元的人好。这群有脑无心的人觉得挺好，因为这样一来，他们就不用花时间去思考自己到底想要什么了。

世界上最可怕的事情，莫过于让"价格"帮我们做了"价值"判断。价值的世界是多维的，但是价格的世界只有一维——这样的世界没有了可能性。当世界出现唯一一条坐标轴，则意味着世间所有的人和物瞬间各就各位，它们都有其明确的坐标。为了理解这个世界的荒谬性，你可以想想看：如果所有乐器只按照音量来评价高低，那么世界将会是怎样的？每一个人不是好人就是坏人，事情不是正确就是错误，宽广的生活瞬间变成一条小胡同，你的选择也只有两种——进与退。

价格让我们的生命变得狭窄，变得无路可走，变得无法突围，让壮丽辽阔的生命草原成为狭窄压抑的下水管道，让我们从站着走路变成跪着钻营的人。

价格让孩子爬向高分，让青年人爬向加薪，让女子追求中年富男，让梦想家成为房奴……我们放弃无限可能的生命挤在别人规划好的小道上，还觉得天经地义！

幸好这个世界不完全是这样。这个世界还有很多有脑有心的

人，他们总有一天会停下脚步，走入属于自己的小道以及与众不同的生活。那是因为在做好标记的赛道上，总有人会停下来想一想：这真的是我需要的吗？我要的到底是什么？

高收入就是好工作吗？

分享三个故事，都是与工作和金钱有关的。

第一个故事是我听来的。

有对夫妻，20世纪70年代末80年代初开始创业，做火腿肠生意。当时民营企业刚刚起步，全中国做火腿肠的没有几个，火腿肠的销售主要靠渠道。两个人奋斗好几年，从当地政府手里以一亩5万元的价格买了30亩地，盖起来第一个厂子。过了几年，厂子的效益还好，于是他们花了300万元又买了60亩地。

20世纪90年代初，他们的厂子做得最好，产品占据了河北、内蒙古等三个省市（区）的市场，纯利做到了1000万元。因为经营得好，男主人还当选过当地人大代表。后来火腿肠生意进入品牌竞争的时代，他们没有这方面的概念，所以就被双汇这样的牌子打了下去，工厂开始减产、裁员，每况愈下，每年纯利也就几百万元了。

正在发愁的时候，传来一个好消息——当地政府拆迁，要收回 30 亩那块地，补偿给他们 3000 万元。这对夫妻俩来说是个大福音：有了这笔钱，他们可以好好经营另一个厂子，打个漂亮的翻身仗！就在夫妻俩拿着钱想着如何把生意做好的时候，又接到政府通知，第二片地也别干了，再给他们 6000 万元！

夫妻俩奋斗了 30 年，突然面对这样一个局面：手里突然有了将近 1 个亿，而厂子没有了。你觉得这是坏事还是好事？

两位拼杀多年的创业者在 1 个亿面前，工作的价值观彻底崩溃了：我们干了这么多年，都比不上两次拆迁，那么我们这么多年奋斗到底为了什么？我们又用什么方式来教育孩子呢？

第二个故事发生在我的一个同学身上。

我们在深圳的一个国际培训师班里相遇。她是四川人，黑黑小小的，看上去很不起眼。她上课时喜欢坐在最后一排，有一点腼腆，总是安静地听讲。我则是一个迟到大王，所以也坐最后一排。几天后我们熟悉了，我知道她叫晓，还吃惊地发现她是个身价不菲的女老板。更加有意思的是，她告诉我，她是佛教入世弟子，现在还在运营一个公益组织。

晓说一开始来深圳，夫妻两个人什么都没有，住在一家招待所天台的铁皮屋里。他们开始努力赚钱，钱来得也比较顺利。"车子从桑塔纳换成了丰田，又从丰田换成了雷克萨斯，"她说，"但是我们心里没有什么感觉，总感觉心里空荡荡的。"

后来晓信佛了，开始有意识地布施。"也不知道为什么要给，就觉得我不缺钱，就给人家一点。"有一天她在报纸上看到妇幼保健院的一个孩子得了心血管疾病，急需钱用。当时没有什么特别想法，只是希望去行行善，于是拿着一笔钱就去了。在病房，她见到了孩子的姥姥，把钱往人家手里一塞就要走。这个时候，老人家"扑通"一声给她跪下了。

晓非常震惊，在这一跪中，她第一次知道了钱的分量：这些钱对她来说，也许只是一件随手买回来的衣服；但是对一个病人而言，这是生命的希望。

她瞬间知道自己的钱能够用来干什么了。那些原本只有钱味的财富，突然间散发着一种神圣的光辉。那些为财富奋斗的苦难日子，也突然有了更美好的意义……从那天开始，晓开始攒钱，信佛，救人，她终于找到了自己财富的价值。

最后一个故事来自中国台湾黄素菲老师的课。在课上，她讲了一个台湾出租车司机的故事。

我在辅仁机场看到了一辆黄色出租车，车的后玻璃上写了一行字："I can speak English。"（我会讲英语）我觉得很有趣，于是走过去和司机攀谈："喂，师傅，你会说英语啊？"司机大哥转过头对我说："Speak English to me, Please。"（请和我讲英语。）"OK。"我笑着上了他的车，开始和他用英语交谈起来。

在和师傅的谈话中，我知道他学习英语一开始只是为了和儿子赌气。儿子说："你光让我背单词，你自己会背吗？"

他一生气，就把儿子整本英语书背完了，背完了觉得还挺有趣，就开始系统地学习英语。几年下来，他已经可以流畅地用英语交流了。他车上的外国人也慢慢多起来，收入明显提高了。

随着老外越来越多，也和他们越来越深入地沟通，他发现老外来台湾很关注一些话题，比如民进党和国民党到底怎么样了。他觉得自己在这些方面了解得不够深入，于是买了《凤凰周刊》等杂志放在出租车里，这样可以随时和老外讲。

每当有人好奇地问："你怎么懂得这么多？"他就很淡定地说："我们这儿的司机都这样，我是最差的一个。"

黄老师在讲完这个故事以后说："你们一定要记得，有些人不用社会意义的成功，也能很好地走完职业的所有阶段，在普通的职位上活出自己生命的意义。"

钱会让你幸福，钱会让你失落，但是记得，工作不是用钱来计算的。

感情是不能放在秤上称的

说起2009年最火的电视剧，非《蜗居》莫属。在房价高涨的大背景下，"蜗居"成为网络热词，剧中主人公海藻的选择也被大家热议：是和自己年龄相当的意中人一起奋斗，还是直接嫁个有钱有势的人，一举解决所有问题？干得好真的不如嫁得好吗？

宋思明，这个如满月般处于生命最高点的男人，在最好的时候遇到了海藻。他喜欢年轻女孩子，以为这样可以抵御自己的青春流逝。然而，当他慢慢开始走向衰退，当他"爱"的海藻也年华渐去，这种感情还能延续多久？

海藻，这个不知道自己要什么的女人，这个把物质满足天真地当成内心幸福、把被需要当成被爱的女子，面对宋思明，如果他各方面一天不如一天，她真的能够像宋太太一样，倾其全力把宋思明救出来？不为钱，不为权，只为这个人好好地活着？面对自己的孩子，她真的能够教会这个孩子幸福生活的方式——自尊自爱，忠于内心吗？

我非常不看好。

如果这个故事有续集，会是什么样的呢？

我想大概是一个这样的故事。

宋思明如果没有死，他也许会和海藻以及他们的孩子在那套别墅里过下去。当海藻也变成一个年近30岁的母亲，这个时候的宋思明更加老了，他更加需要年轻女孩子的活力。宋思明会发现"海藻第二"。如果这哥们儿还有财力、物力，他会把《蜗居》里的故事再来一遍。

海藻会成为一个成熟的女人，她慢慢地知道自己失去了什么，她明白自己透支了原本和小贝应该有的幸福：那种享受奋斗的过程，享受一起慢慢成熟、越来越好的可能。但是海藻不甘心放弃身边的一切。现在才开始谈爱情，就什么都没有了！海藻也许会选择找个小情人，然后心照不宣地和宋思明一起过下去。

终于有一天，宋思明会老到连拈花惹草的心思都没有了，他终于接受了自己的衰老。如果还回得去，他发现宋太太也许才是那个他可以依靠的人。这个时候还回得去吗？这得宋太太同意才行。

《蜗居》的编剧说："感情是不能够放在秤上称的。"

其实她是在说，有很多东西属于自我系统：梦想，爱情，成就感，贡献。这些东西是无法用社会系统的东西来量化的。一旦你开始用金钱来代表成就，用价格来代表爱情，用秤来称感情，生活的幸福离被你毁灭就不远了。

你越强调什么，就越缺少什么

我们大概都经历过这样的同学聚会，那简直就是一场晒工资大会——

"你在哪里上班？收入怎么样？"

"小企业，还可以。"有人灰溜溜地回答，语气不太壮。

"是吗？我们金融系统也就是一万多。没办法，你知道，金融系统嘛。"

"你们就是好啊，我们土地局不行，一年到头就挣点死钱，但是福利还可以，吃什么都不用花钱。"

"还是你们好，你们是大权在握啊……"

"哪里哪里，你们才是精英人才……"

小明不喜欢听这样的对话。他看着这群以前曾经那么要好的同学，才毕业几年，就能从他们身上看出来很多变化。从商的、当兵的、做项目的、进机关的，各有各的做派。但是这群人不约而同地都会玩一个游戏，就是先把自己损一遍，然后再狂夸一顿别人，之后享受别人更加猛烈的夸奖。

小明的工资在他们中不至于被羞辱，但是他毫不掩饰对这种比较的反感。如果你在这样的同学聚会中看到小明，你会发现他鼻子皱起来，好像进了一间多年不扫的公厕——踮着脚，屏住呼吸，强忍着做完自己的事情，然后跑开。

从心理学来说，一个人缺什么，就会投射到身边人的身上，他会觉得身边人也觉得自己缺，于是他会不断地表达自己其实不缺，但一不小心就过了。结果就是，他不断表达的东西就是自己最缺乏的。我把这命名为"口是心非法则"。此法则看人非常有用：看一个人觉得自己缺什么，你看他不断强调什么就好了。

看一个人缺什么，你看他不断强调什么就好了。

我见过一位讲师，他总是不断地说："你知道吧……"其实他自己也觉得没有讲明白。如果一个人的口头禅是"我说句实话啊"，那么代表这个人基本上没有什么真话——谁说你讲假话了？讲话夹带英语单词的人，大抵是害怕别人不知道他出过国，同时这个人的英语水平也好不到哪里去。我做企业几年，发现越是小公司的名字越是吓人,都是国际、全球、集团、科技什么的。我先招供:我们公司的名字就很吓人——新精英生涯国际技术有限……每次填写发票都遭到饭店前台鄙视。没办法,当年成立公司的时候,实在缺乏底气。

看过韩寒的一个电视节目,当时他的《三重门》刚刚卖到150万册,他宣布"7门功课红灯,照亮我的前程",退学回家。在节目中,韩寒作为80后作家,也作为成功人士参加了访谈,而与他对话的是一群老作家和中年人。在一段激辩交锋之后,有两位中年女士站起来,在我看来,她们以最大的恶意对韩寒说:"你一定会后悔的!你这样是不行的!"

我深深地为这两位中年女士感到悲哀,因为她们对韩寒讲的话,显然不仅跨过了忠告的强度,而且直接进入诅咒的状态。这句话用口是心非法则翻译出来就是:你这样也能赚到那么多钱?没上大学成为作家?我不服气!我怎么没有这个机会?

后来,韩寒编杂志,做赛车手,当电影导演,每一个都做得有声有色。不知两位大姐这些年有没有继续关注这位被她们断言"会后悔的"年轻人?

如果把伟大的口是心非法则用在生活中,你会发现越是强调价格的那种人,往往内心越缺乏这件事情的价值。

- 不断强调衣服名牌的人,审美能力就很值得怀疑。
- 反复强调自己有房有车的男人,自信心可能很有问题。
- 不断强调自己工资的人,在工作上成就感一定不高。
- 不断强调自己职务的人,工作能力一定好不到哪里去。

所以,如果你有一份需要不断告诉别人"这是一份好工作"

的工作,或者你有一份只有在炫耀职位或者拿工资单才觉得快乐的工作,不如趁早辞掉吧!

"你是一个笨蛋!"有人说。

笨人会勃然大怒地说:"你才是笨蛋!"

真正的智者会微笑地回答:"是的,所有人都是笨蛋。"

向自己的生命发问

在我们培训班上有一个学生站起来发言。他30多岁，是计算机工程师。他说他很懂职业规划，不过，他随即分享了他的烦恼：为了找到职业兴趣，他做遍了市面上所有的职业测评，共计17种（好吧，我都不知道有这么多种）。他找到了所有结果的交集，然后以一个计算机工程师的严谨排序法把结果按照频次排好。当他搞完这一切，已经过去了一个月。他无意间又测试了一次——天哪，这次结果又不一样！他决定做第二次，然后寻找第一次和第二次的交集。

当他做完上述巨大的计算工程后，他惊喜地找到了一个"理论上"的职业兴趣——销售工程师。但是接下来的几周，他发现自己还是对那个"理论上"应该感兴趣的职业没有感觉。他的烦恼是，还有没有更多的职业测评，可以提供更加权威的结果。

你可以想象为什么他没有找到自己喜欢的工作。因为喜欢，是"心"做出的判断，而他一直在使用逻辑的工具。

心理测评有用吗？我们总希望心理测评可以预测未来，其实恰恰相反。人的内心是无法测量的，所以心理学家只能通过心理导致的行为来观测，但是谁也无法了解对方的全部行为。所以，心理测评其实是通过观察你很少一部分行为来推测你从过去到现在的心理，心理测评无法预测未来。

用一次测评来决定未来，就好比用一次高考（取样）来决定你的受教育权利一样野蛮。

我们愿意通过专业测评来了解自己，却没有意识到，了解你最多的其实是你的内心。你的内心拥有最强大的行为数据，而且如果你认真听，它还了解你的每一个想法。我们愿意花几个小时来做一个测评，却很少安静下来几分钟，问问自己想要什么；我们愿意相信一个测试的结果、一个星座的描述，却不愿去相信自己内心轻微的声音。

罗素说："我们是怎样谈论人的？会不会像天文学家看到的那样只是一点尘埃，无依无靠地在一颗不重要的行星上蠕动？或像化学家所说的是巧妙地摆弄在一起的一堆化学品？或是像哈姆雷特眼里看到的那样，人在理智上是高贵的，在才能上是无限的？或者是兼有以上的一切？"

当你看上述文字的时候，你有没有停留一两秒，真正去思考这个问题，我们是如何看待自己的生命的。是世界的一粒尘埃，只是在离开前等待死去？是一堆化学品，不断地吃各种食品和药物来维系自己的循环？是一段数据，我们必须用工资和分数才能证明自己比别人强大？还是一个高贵的，即使落入低谷，也拥有无限可能的人？

我的大学生活在湖南大学度过，那是我的第二志愿。我当年曾经想去北京航空航天大学，后来没去成。一直到今天我还深深感谢自己当年的高考失误，事实证明，我在这个中国唯一一所没有围墙的大学度过的时间，是我生命中最宝贵的一段时间。我还记得报到那天下着小雨，我提着吉他（其实那时候也不太会弹）走进宿舍。那时自己有点不太自信，到处讨好别人，偶尔又觉得自己无比有理想和清高。我想那个年纪的所有孩子都是那样。

等我和大家铺好床，收拾完东西，10个人热热闹闹地吃完饭，已经晚上10点半，宿舍便熄灯了。我们断断续续地说着话，最后陆陆续续地睡去。我躺在床上，盯着上铺的床板睡不着。我意识到这是一个全新的环境，我对自己说：你身边的人完全不了解你，他们不知道你的过去，从明天起，你完全可以让自己成为一个你自己喜欢的人。但是，你到底要成为一个什么样的人？

所以那天晚上，17岁的古典正式向自己的生命发问：我到底要成为一个什么样的人？

我把答案写在了我的一个红色笔记本上，答案包括自己最喜欢的10个形容词，以及一定要做的10件事情。我还记得那些形容词包括：真诚、灵性、义气、自在、宽容……那些事情包括：学会开车、学习双节棍、骑单车去北京、过英语四级、谈一次轰轰烈烈的恋爱……

如果你认识我，你应该知道，这些形容词已经印在我的生命中了，这些任务也变成了我最自豪的历史：我学会了开车，考过了四级,学习了双节棍,大二骑单车横跨6个省,骑行1500多公里到达北京……这一切都是因为17岁的古典,在那个熄了灯的夜晚,第一次对自己的生命发问之后带来的结果。

2001年,我辞掉第一份工作,因为我讨厌我的专业——建筑工程。虽然它帮我在一个著名的建筑事务所找到一份相当不错的工作,但是我坚持了半年却发现无法喜欢上它。善良的父母认为这是少年不负责的冲动举动。即便他们只是用表情来反对,我也觉得压力巨大。我一个人跑到附近的公园里,坐在长凳上发呆,一直到晚上才回家。

一连三天,我就这样坐着,想着如何向家人和女友交代?赚不到钱怎么办?为什么当年父亲逼我选择这个专业?同学会怎么看我?如果我去找工作,又会有什么新的遭遇?我越想越烦,满嘴起泡,觉得不如死了算了。2001年,你如果路过我家附近的公园,就会看到:一个既像白领又像大学生的人,天天猫在一个长条凳上;他一天就吃三元钱的蛋糕,喝一瓶水;他一会儿坐,一会儿躺,拿一本书似看非看,坐立不安。

我记得转折发生在第三天的下午,我依旧坐在长条凳上发呆,愤怒地觉得全世界都不理解我。那天夕阳照在我的脸上,让我眯起眼睛。那一瞬间,我的心里突然升起一个问题:对,不好的专业、沉闷的工作、父母的压力、大家的轻视,都不是你要的,但你到底想要什么?当明天再看到这个太阳的时候,你要成为一个什么样的人?

这个问题的答案,我想你也许已经知道。后来,我离开深圳,来到北京,再也没有从事与本科专业相关的工作。我成为新东方的一名GRE讲师,成为职业生涯规划师,我学习了心理学和教练技术，创办了新精英生涯，支持越来越多和我一样的人成长为自己喜欢的样子……

直到今天，我也常常对自己的生命发问。我发现每一次，当我抛开所有困扰我的事情，抛开别人觉得"应该"的想法，去真正问自己：你这样一个人，活到今天，到底是什么在支持着你？你希望成为一个什么样的人？我也许会马上恍然大悟，也许答案会在一两天后跳出来，也许会通过别人的言语才能清晰，但我总能找到答案。在我们的生命战略课上，当每一个人也真心对自己的生命发问时，他们总能找到让自己激动和愿意全力以赴的答案。

亲爱的成长者：

你的生命是一个奇迹。任何人带着好奇心和疑问去探索自己传奇般的生命，都会获得远远超乎期待的回答。僵硬的人把生命当成工资和数字、当成学历和证书、当成让某些人快乐和满意的方式……但是，你的生命有无数种可能，只要你敢于对自己的生命提问。

现在就对你的生命发问吧：我到底希望成为一个什么样的人？这个世界因为我，会有什么样的改变？

与其在等待中枯萎,不如在行动中绽放

我在从深圳到北京的飞机上遇到一位女士。她前一年报考了自己喜欢的研究生专业,结果失败,却出乎意料地遇到了一份不错的工作。今年是考还是不考?她害怕考了又考不上,浪费时间,但是不考又不甘心,已经纠结半年了。

我问她:"去年你每天花多少时间学习?"

她说:"我去年每天大概学习4个小时,学了3个月,考前一周突击了一下,最后差了3分。"

我又问她:"现在你每天烦这件事情大概花你多少时间?"

她说:"从过年到现在(6个月)每天都在想,上班下班都想,烦死了。"

我说:"如果你用烦恼的时间来学习,有没有可能考研早就过了?反正是花时间,与其花时间郁闷,还不如花时间学习,顶多就是不过,那还多学习了很多东西呢!不学白不学!"

花时间郁闷,是"等待成本";花时间尝试,是"穿越成

本"。这位女士用来郁闷的时间,如果是每天 5 小时(上班下班都在想),一共 6 个月,那就是 900 小时。而去年差 3 分的考研成绩,她用了多少时间呢?每天用 4 小时,学了 3 个月,考前突击了一周(按每天 20 小时计算),成本计算如下:

穿越成本:(4 h × 3 × 30)+(20 h × 7)= 500 h(h= 小时)。

等待成本:5 h × 6 × 30 = 900 h。

等待成本几乎是穿越成本的 1.8 倍!

看得出来,如果她用纠结的时间来准备考研,可能两个研都考上了!这里还不算因为郁闷起痘痘、长鱼尾纹,以及对学习丧失信心等隐性损失。

在这个故事里,这位女士陷入一个心智模式:越等待,越没有时间和信心;越没有时间和信心,就越不敢考。她会在今年考研之前放弃,然后在新的一年里继续犹豫与焦虑,消磨她的信心和能力,如此循环往复,直到有一天完全放弃考研这件事。

当一个人等待与拖延的成本远远高于他真正开始行动所需要成本的时候,他就会慢慢陷入越等待越不行动的怪圈,我把这个模式称为"等死模式"。

我在一次朋友聚会中谈到了等死模式。听完这个故事,我的一个朋友走出去,10 分钟后,她满脸喜色地回来说:"终于成了!"

什么成了?原来这几天,她一直在纠结是不是该给一个大客户打电话。这个客户是她的重要资源:如果打了,她担心人家觉得自己公司还在创业阶段、比较小,对自己印象减分;如果不打,这个客户肯定就没有下文了。比这个更纠结的是,她已经为这个事情头痛了一个星期,甚至开始失眠,和家人发脾气,面对其他客户也越来越没有信心了。

她听完我讲的故事,迅速计算了一下自己的等待成本和穿越成本:

等待成本与穿越成本的比较

等待成本	穿越成本
• 肯定拿不到单; • 身心俱疲; • 影响其他业务	• 有可能拿不到单,但有成功的可能; • 身心愉快,早死早超生; • 实在不成功,集中精力应对新客户

与其在等死模式中消耗心力与体力,不如去试一试!她走到洗手间,心跳加速,打通电话,惊喜地听到客户爽快地答应了自己,对方还开玩笑责怪她说:"为什么现在才说?还以为你找别人了呢。"

她想:早知道这么容易,我还担惊受怕些什么?

一旦陷入等死模式,你最好的选择就是行动起来,穿越过去,因为等待的成本远远高于穿越的成本。

西方人常说,等待生命就是等待死亡。生命不是用来等待,而是用来穿越的。

作家史铁生,21岁的时候突然双腿瘫痪,这个打击太大了,他一次又一次地想到了死。后来,他想通了一个道理:死是一件始终都会到来的事情,是一件无论你做什么也不会错过的事情,那又何必这么急呢?反正不会有更大的损失了,说不定活下去还会有额外的收获呢!不活白不活!

史铁生后来写出了《我与地坛》《病隙碎笔》等名篇。

他持续关注生死、宗教、信仰等人类根本问题，一再刷新当代精神的高度与深度。诺贝尔文学奖得主莫言曾说，我对史铁生满怀敬仰之情，因为他不但是一个杰出的作家，更是一个伟大的人。

我们平常人，也许不至于面临史铁生这样的生死抉择，但是会通过"等死模式"让自己生命的某一部分永远死去。

等待最好的道歉时机，让你失去过朋友；等待最好的表白机会，让你失去过爱情；等待最好的状态，让你连尝试的机会都没有——我们的一部分生命，就是在这样的等待中死去的。

等待成本与穿越成本

	等待成本	穿越成本
我该打电话提要求吗？	• 身心俱疲； • 肯定拿不到单； • 影响其他业务	• 身心愉快，早死早超生； • 有可能拿不到单，但有成功的可能； • 实在不成功，集中精力应对新客户
表白还是不表白？	• 焦虑、着急，万一对方不答应怎么办？ • 焦虑感挡在你们中间，让感情降温； • 对方很可能觉得你没有想法，就答应别人了	• 一旦决定去说，内心就安定了； • 有可能成； • 万一不答应就再来一次，谁说表白只能有一次
不断地把考试（面试、尝试）延期	• 担心考试分数太低、表现太差，自己没有准备好，担心别人会怎么看； • 焦虑，不自信，学习效率降低； • 耽误一两年时间	• 一旦确定要去考，内心就安定了； • 全力以赴地投入学习； • 有可能考得很糟，那就再来一次； • 经常有超水平发挥的机会

（续表）

	等待成本	穿越成本
道歉还是不道歉？	• 他会接受吗？焦虑…… • 自己的愧疚感随时间递增； • 对方的受伤害感随时间递增	• 不管接不接受，自己先舒服了； • 至少让这件事情不会再坏； • 如果不接受就再来一次

穿越也许有短期痛苦，但是"等死"往往会带来更大甚至永久的损失。

《战胜拖拉》的作者尼尔·菲奥里在书中写道："我们真正的痛苦，来自因耽误而产生的持续的焦虑，来自因最后时刻所完成项目质量之低劣而产生的负罪感，还来自因失去人生中许多机会而产生的深深的悔恨。"

2009年有一部很好看的动画电影《飞屋环游记》。

一对老夫妇计划去一个叫作"梦幻瀑布"的地方。他们有一个存钱罐，说好了等存钱罐的钱存满了就出发。但是，日子总是不按他们的计划进行——汽车要维修，房子在漏水，孩子要上学，他们被迫一次又一次用到这笔积蓄，一次又一次拖延出发时间。终于有一天，老奶奶过世了，只留下老爷爷一个人待在空荡荡的房子里。

如果不是拆迁队威胁要拆掉这所老房子，老爷爷大概永远都不会做出这个疯狂的举动：他在房子上绑上了成千上万只气球，在一天早上大喊一声，房子飞起来了！他驾驶着气球房子，在人们张大嘴巴的注视中飞向天空，穿过雷电，飞往梦幻瀑布。

也就是说，在他这一辈子身体素质最糟糕、财务上最贫穷的时候,他开始了自己梦想中的旅行。当房子腾空而起,他才发现原来无须等待,早就可以上路。

与其等待下雨,不如自己浇花

坏的开始等于成功的三分之一

二战结束后,英国人热火朝天地重建家园。他们发现二战功勋丘吉尔是战斗型领袖,现在已经不合时宜,于是把他请下了首相的位置。

丘吉尔在政治上受到打击,无事可做,终日郁郁寡欢。家人看在眼里急在心里,忙不迭地给他找活干。事业上不成功,就找点其他消闲,人类自古就是这样,要不干吗说失业去西藏、失恋跑丽江呢。

他一个邻居的妻子正好是画家,于是家人鼓励他去和女画家学画画。

丘吉尔在政治舞台上敢作敢为,横冲直撞,但是,面对干净洁白的画布,却迟迟不敢下笔。毕竟,这是一个新的开始!

你有没有过这样的经历:刚刚从一个战场败下阵来,你认为自己无法再承受另外一个失败了,所以你害怕一切不够完美的开始。你多么希望等到完美的时候才开始,以至你始终不敢开始。

那天下午的丘吉尔，就面对这样一个艰难的开始。他死死盯着画布，发呆了10多分钟，还是不知道从哪里下手。毕竟，他太想要一个完美的新开始了。女画家很有智慧。她站在丘吉尔旁边看了很久，然后拿起丘吉尔的颜料盘，向着干净的画布就是一甩——里面所有的颜料，一股脑儿地被泼到了画布上！雪白的画布瞬间变得乱七八糟，像一幅最恶劣的油画。画布反正已经变成这样，一边的丘吉尔一下子放松下来，他开始拿起笔，在上面任意涂抹起来。这就是丘吉尔学画画的开始，虽然惨不忍睹，但是丘吉尔的心门已经打开。

从此丘吉尔在画画上一发不可收拾，留下了很多风格迥异、思维大胆的油画。更加重要的是，丘吉尔开始恢复自信，在政治上重新找到自己的位置。

如果说好的开始等于成功的一半，那么坏的开始至少等于成功的三分之一

这个故事告诉我们，如果没有一个好的开始，你不妨试试一个坏的开始。因为完美的开始永远都不会来到，一个坏的开始总

9　成长，长成自己喜欢的样子

比没有开始强。

　　如果说一个好的开始等于成功的一半,那么坏的开始至少等于成功的三分之一。

开始很好,"开始爱好者"除外

新年是一个好事情,它提醒人们总结过去,思考未来。过去一年,你过得怎么样?新的一年,你准备如何开始?下边的故事,一定会让你对"开始"有更深的体会。

我的一个女性朋友,知道我以前是新东方英语教师,嚷嚷着让我教她英语。可我一直没时间,等到某一天,她突然很神气地给我电话:"我开始学习英语啦!"我说:"恭喜恭喜,你背多少单词、讲多少句子啦?"她说:"还没有,但我办了一张'华尔街英语'的卡,是一年的。"这个意思就是,她一年后英语就会很好啦!

这种故事你一定听过,你也一定能够猜到结果:一年后,这位女士的水平还是跟之前差不多,因为她并没有坚持下来。

这个故事不仅仅有华尔街英语版的,据我所知,还有健身中心版、瑜伽版、跳舞版、太极拳版和节食版的。这些故事的开始都有一个非常类似的特征:一咬牙给自己制订一个长期计划,然后享受几天结果达成的幻觉，最后该干嘛干嘛。

你会不会买一本书，其实你从来不看，但是你觉得好像拥有了其中的知识？你会不会制订一个计划，其实你从来坚持不下去，然后享受计划制订几天的快乐？把开始当成结果，这是大部分人都有的心理习惯，我把它称为"开始爱好者"。

青鸟健身公布过一个数据：有70%的人都是办了年卡去了一次，然后就再也没有去过。可见，"开始爱好者"占人群的70%左右。

"你的那个半年减10斤的健身计划怎么样了？"

"我很久没有健身了。"

"为什么？"

"我发现其实打羽毛球才有意思，我请了个教练，半年后一只手打败你！"

……

"你的羽毛球打得怎么样了？"

"我很久没有打了。我发现其实人该多读点书，我买了本《西方哲学史》在读呢！"

……

开始爱好者最喜欢的事情就是制订计划，计划越长越好，课程越贵越好，因为一个计划就意味着一个开始。最讨厌的事情是落实计划，因为落实计划实在比制订计划难多了。所以，开始爱好者一般不选择坚持，他们会选择另一个开始。

久而久之，开始爱好者越来越喜欢开始，也越来越无法坚持。心理学家统计，一个人谈到第三次恋爱，最容易结婚；谈过五次以后，结婚的可能性就会直线下降。因为这群人太优秀，也有太多的机会开始，相比之下，维持感情倒成了麻烦。

职业发展不好的人往往不是能力太低，而是能力太强，所以"开始"也太多，慢慢失去了核心竞争力。资深猎头会告诉你，如果你在一两个行业做过10年，那你是精英；如果你在三四个行业做过10年，你是精华；如果你在五六个不同的行业做过10年，那你是精神病——企业讨厌不断开始的人，滚石不生苔，转行不聚财。

国际化企业中，多元化（更多开始）的失败案例远远比成功案例要多，就是因为开始容易，达成很难。企业失败往往不是因为项目太少，而是项目太多。

万科在当年为什么叫作万科？因为那个时候的万科什么都做。十几个部门，从万佳百货到怡宝纯净水，每一个都小有建树。王石在20世纪90年代末感觉到这种蠢蠢欲动的"开始爱好者"的风险。他顶住压力卖掉了其他公司，专心做房地产；而且，在房地产领域，万科不做别的，只做大型住宅社区；大型住宅社区不做别的，只做非市中心的大型住宅社区。正是由于这种专注，万科成为大型住宅社区的金字招牌。

哪个行业最好？哪个行业都好，只是看你能不能耐得住，有定力不去摆新摊位。

如何避免这种无意义、自娱性的开始？在这里提供一个有效的方法。

上过我职业生涯发展工作坊的学生，会发现一个看似奇怪的规定：上完课后，7天内不准做出重大决定。有的学员不听，偷偷做出重大决策，一般三个月后都后悔不迭。这背后的原因是：你在激动的情况下做出来的职业决定，根本不足以让你坚持做下去。

我一个美国朋友给我讲过一个约会原则：在社交场合认识的男孩或女孩，拿到对方联系方式以后的 72 小时之内，都不会给对方打电话，因为这被认为是一种尊重。72 小时之内，你对对方的感情只是生理冲动和激情。但是，如果三天以后，你还是情不自禁，那么就好好投入这段感情吧。

所以，如果你真的想要认真地开始，一定要让自己等一等，再等一次，然后再等一次，最后才真正开始。如果这个开始的激情都不能推动你三次等待，那一定是个夭折的开始。只有那种不可抑制地想开始的开始，才是有结果的开始；而那种等几次就没有了的开始，基本上属于冲动。

如果你要区分一个开始是爱情还是孽缘，是投资还是消费，是职业跳槽还是"职业跳楼"，是冒险还是冒傻气，都可以这样判断。

总的来说，开始让人可以丢下不满的现状，进入一个全新的希望中。但正是因为全新，所以你会损失很多过去。花费你的一部分过去，去购买一个未来，那就是一个开始的价值。

万科典当了自己的多元化，购买回一个专业化的未来；丘吉尔典当了自己的政治失败，购买回一个自信的未来。你的过去应该典当吗？你购买的未来真的为你而来？这是每一个人在开始之前都值得思考的问题。

正如纪伯伦所说："在每个开始中都有过去，在每个过去中都有开始。"

如果你真的决定了，那么就认认真真地开始吧。正如特蕾莎修女所言，上帝不需要你成功，上帝只需要你尝试。

给残酷世界的温暖规划

生命是个三脚架，你是哪一种？

你见过三脚架吗？是不是这样的：三脚架上面架着一台照相机，用来记录看到的东西。

其实我们的生命也一样。我们的生活也由三个支架组成：自我，家庭与团体，职业。这样的支架支撑着我们的灵魂，也在记录着我们的生命。

普通人就好像一个普通三脚架：分开站立着。你知道，三角是最稳定的结构。如果遇到不平的地面，只要调节脚的不同高度就好。就好像在不同的情况下，有的人生活之脚长，有的人职业之脚长。

聪明人则像更加稳固的联动三脚架，他们会这样设计自己的生命：他们会让职业和家庭平衡，互不冲突，也让它们有各自的位置。他们愿意为了家庭放缓一些自己的工作，原因很简单——你会因为左手没了就把你的右手剁掉接过去吗？如果不会，那么为什么你的工作压力大,就要牺牲家庭和生活呢?

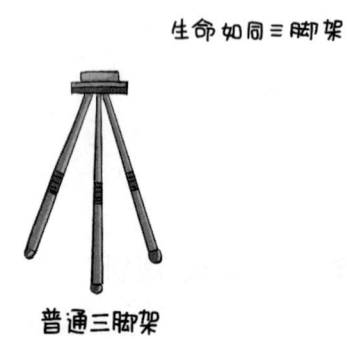

生命如同三脚架

普通三脚架　　　联动三脚架

聪明人还会让自我注入职业与家庭,他们知道自己要在职业里获得什么、不要什么,他们也知道自己希望在家庭里获得什么、不能做什么。

慢慢地,他们的生命会变成最稳固的联动三脚架。

但是大部分人都不懂这些,他们一次次地压缩自我时间,减少家庭的时间,慢慢地,他们变成了一个单脚架!

单脚架有什么问题呢?因为它只有一条腿,所有的重量都压在这条腿上,他们的这条腿变得不堪重负。另外,一条腿的脚架是无法站稳的,所以他们还必须依靠一个人。

现在很多女孩子不是要找一个"与自己奋斗"的人,就是要找一个"让自己不用工作"的人。在我看来,这两种想法都莫名其妙。如果要找一个与自己奋斗的人,干吗找丈夫,找个股东就好了!至于后者,自己不工作,简直是毁掉家庭的最迅速方式之一。

杨梅,前名企的人力资源经理,她的丈夫事业有成,收入不菲。结婚后,对方收入很高,杨梅觉得自己这点收入没什么意思，于是干脆不上班了，也不再和闺密混在一起，全身心地做一个幸福的家庭主妇。

问题也就从这时开始了。杨梅开始从一个"三脚架"退化为"单脚架"了。

晚上，杨梅最期盼的事情就是见到丈夫回来。为了准备晚饭，她专门从网上下载了一个菜谱，做了整整一下午才做好。但是丈夫5点多打过来一个电话："亲爱的，晚上不能回家了，你先吃吧。"杨梅恨恨地说："你不回来，我就不吃！"丈夫以为是赌气，也就没有多想。等到晚上11点回家，看到的是一桌凉了的大餐和一个饿了5个小时、一肚子怨气的女人。一场恶战不可避免。这样的事情发生了一两次，丈夫回家也越来越晚了。

杨梅从那天开始不断发脾气、购物，怀疑丈夫有外遇，还跟踪丈夫到公司……她觉得自己很委屈，你怎么就那么不关心我呢？丈夫也有点迷惑了：这还是几年前认识的那个体贴入微的杨梅吗？杨梅也觉得自己怎么就变成以前最鄙视的那种已婚泼妇了呢？

到底是谁错了？

这就是单脚架效应。杨梅把关注点都放在了丈夫身上，把另外两个角色缩了回去。"单脚架"杨梅自然需要时时刻刻地依赖一个人，而这种24小时的注意力，谁能受得了？在注意力不对称的情况下，杨梅自然就觉得丈夫不够爱自己。

其实问题很好解决：**你可以不上班，但是你不能不工作，更不能没有朋友圈。**如果我是杨梅，即使准备回归家庭，我也要有一份自己的工作，也许是SOHO（居家办公），也许是一份相对清闲的工作，有一些自己的收入和成就感。这样的杨梅接到丈夫不回来吃饭的电话，就可以开开心心地找一群朋友来家里吃自己做的菜，然后再一起出去做瑜伽、做美容、做头发。等到丈夫晚上11点回到家，看到一个美丽优雅的女人正在沙发上看书，看到自己后抬头一笑说："嗨，你回来啦！"她丈夫一定心中一惊，想：今后要早点回来，我老婆太有魅力了。

所以，生命是个三脚架，永远不要让自己断掉两条腿。

莫当"漏斗人"

我们的生命如何才能有意义？

生命是一个甜筒，而你就是那个筒底，而圆筒的半径就是你生命的半径。如果你能先让自己过得不错，那么慢慢地你可以扩展到你的家人，然后是你的团队，甚至更大的生命半径——你可以为你的国家、为世界做些什么。如果你慢慢地开始这么做，你会觉得内心踏实，甜甜蜜蜜。

但是有这样一种人，他们的外壁很大，但是底部却是空的！他们不像甜筒，却像一个漏斗。随着能力的增强，他们的外壁越来越高，他们需要承担的东西越来越多，但是却没有收获到内心的快乐。

这是因为他们底部的那个洞，他们没有照顾好自己，所以不管你倒入多少幸福、成功，这些东西都会从那个洞漏走。这种人就是"漏斗人"。

一个人如果成了"漏斗人",就会有源源不断的责任、压力,却很少收获到内心的喜悦。他们一边给予,一边又对对方的回报耿耿于怀,因为他们自己也需要爱啊!

但是爱不是给出去的,而是溢出来的。只有充满自己的心灵,然后还溢出来的,才是爱。

如果你是"漏斗人",让身边的人快乐的同时,快让自己快乐起来吧!

在三个时间段减少工作

幸福有时候就好像股票,只要有一两次在正确的时候做出正确的选择,那就赚大了。让我告诉你投资幸福的最好的三个时间段。

第一,结婚前两年。

结婚的时候,老人家最爱祝愿新婚夫妻"早生贵子",可这是一个好规划吗?

很多家庭选择在结婚后马上生孩子,其实他们错过了投资感情的最好时机。两个人需要一段时间,理清楚婚姻和恋爱的区别,明白双方老人的关系和家庭脉络。总之,你需要先建立好二人系统,而不是着急生孩子。

那些一上来就结婚、房子、孩子的家庭,会陷入下一段以孩子为目标的冲刺中,等到孩子慢慢长大,不需要太多家庭支持的时候,他们俩才开始重新回到二人世界,开始补当年落下的课。所以为什么那么多家庭会在孩子大一点的时候离婚,就是之前两年没有做好基础工作!

巴菲特就面临这样的问题。他的太太苏珊在婚后第二年就生下了大女儿,在三个孩子都离家以后,她开始觉得非常没意思。她试图从巴菲特那里得到关注,但是雄心勃勃的巴菲特却没有注意。她想去非洲当志愿者,巴菲特的回答只是"我可以为你买一个庄园"。最后苏珊选择了离开巴菲特,而这也成为巴菲特今生"最大的一个失误"。

巴菲特最大的两次投资都和苏珊有关,我之前说过,苏珊才是真正的股神。

我写到这里的时候,我的小侄女过来看了看,说:"你太土了!现在谁还结婚?"如果你是这样的新新人类,这一段当我没说过。

第二,孩子 1~3 岁和 14~17 岁。

孩子 1~3 岁,是基本性格的养成阶段;而 14~17 岁,则是世界观养成的阶段。前一个阶段,母亲重点参与;后一个阶段,父亲重点参与。这两个阶段都是孩子养成性格的最关键时刻,需要我们从工作中抽出更多时间,投资在家庭中。

很多父母,在孩子这两个关键阶段并没有投入,而且他们还不觉得有什么问题——因为这个时候,小孩子的杀伤力有限,不会出太大的乱子。但是一旦孩子到了 18 岁,你就等着麻烦吧。

更好的方式是,在这两个"3 年",好好陪陪孩子,等到他 18 岁以后,也许你真的再也不用烦了。

第三,父母 70 岁以后。

我认识一个培训师,在项目管理方面,绝对算是国内数一数二的人。作为项目管理培训师,他对自己有清晰的规划:每年上课时间不低于200天！记得他讲出这个目标的时候，我们都在脑子里计算：这个家伙一年赚多少钱啊？

今年再遇到他，他却变得很不一样。问他为什么，他说，父亲走了，急匆匆赶回家，只见到最后一面。

这让我震惊，因为我听到类似的故事不止一次了。上一次是一个国际集团的总监，他接到父亲病危的消息，从千里之外的上海向陕西的小村子里赶，飞到西安，然后坐火车，倒汽车，就在走到村口的时候，父亲离开了。

还有一个教育专家，他在广西讲课，却没有能赶回去见自己奶奶最后一面。他说："我讲课的费用是1万元，但是那算什么啊！我奶奶死的时候还在说，我的孙子呢？"他回家以后决定卖掉公司，他说我不想再错过什么了。

爸爸告诉我，他一生最遗憾的有两件事情。第一件就是爷爷的离开。他说那个时候自己在矿山，干活太拼命了，接到爷爷生病的通知，总是想着再干一会儿。最后下病危通知了，爸爸才匆匆赶回去，到家上楼，爷爷已经不认得爸爸了，下楼吃饭时，听到楼上喊不行了，爷爷就走了。

第二件是奶奶的过世。奶奶是在厕所摔了一跤去世的，样子很安详，好像睡着一样。当时奶奶80多岁了，算是喜丧。听姑姑说，奶奶去世前一天，一直站在窗口往外看，想看看我们一家会不会过来。当时爸爸在研究所当所长，他们15日这一天要出一个项目。员工加班，他也不好意思走。等到听到奶奶去世的消息，已经是第二天早上9点多了。爸爸很自责，现在看起来，提前15天完成工作真的很重要吗？比见奶奶一面还重要吗？

其实工作和公司都没有错，如果能够懂得更好的规划，我们完全能够避免这样的遗憾。在 30~40 岁的时候留一段时间，那是爷爷奶奶 80 岁左右的时候；在 50~60 岁的时候留一段时间，那是父母 80 岁左右的时候。每年专门空出三五天去看看他们，不要在接到病危通知以后，带着负罪感，再去看那个已经躺在病床上痛苦不堪的人。同样的时间，为什么不分享幸福，而去分享痛苦呢？为什么不在他们身体还好的时候陪他们下下棋，听听他们的抱怨呢？

那些对你重要的人，在他们 80 岁以后，每年抽出时间陪陪他们，即使每年只有 5 天，一生也只需要花你不到两个月的时间，但你会有一辈子的安宁。

做自己比成功更重要

你有过这样的感受吗？身心疲惫，做什么都没有意思，也不再有什么新鲜感，不知道这份工作能给你带来什么。你一边问自己，真的要这样下去吗；一边又告诫自己，别放弃，这可是一份大家都认为很好的工作呢！

其实，这个世界不只有一条大路，还有许多密密麻麻的小路，带领你走向不可知的远方。如果别人的羡慕和头顶的光环不能够兑换成自己的幸福和快乐，那又有什么价值呢？

如果饥荒，买不到吃的，你拿着黄金有什么用呢？

如果心"荒"，换不回快乐，你顶着光环有什么用呢？

为什么要用自己的生命，来点燃别人眼中的光环？

你可以不成功，但是不能不成长。成长是什么？成功和成长有什么区别？

加缪说："人是这样奇怪的一种动物，一方面希望自己进入群体，一方面又需要自己与众不同。"人一方面有社会性，需要社会评定，一方面又希望有自己的个性。

亚里士多德也说:"人格就是社会与天性的结合。"

成功,就是我们在群体里玩的一种游戏。

成功的标准由社会评定,标准单一,这就意味着人人成功永远不可能。且不说对结果的攀比,更大的问题是我们每一个人都生而不同,又怎么可能用同一把尺子衡量成功。所以,成功不可能是大部分人的出路。作为一种比较后的结果,成功永远是小众的、不民主的,无法满足大部分人的单一的社会标准。作为一个集体游戏,成功永远都是少数人欢笑、多数人哭泣。

我们这个世界已经因承担了太多太久物质上的成功而疲惫不堪,这些成功污染了天空,弄脏了海洋,把核弹头的威胁散布到整个世界。最"成功"的国家美国,一个人对世界的污染比发展中国家60个人都要高。80%的资源,由20%的人类消耗掉。成功人士讲究吃远洋的干净鱼类,但如果全世界的人都像他们这样吃,全地球海里的鱼只够我们吃一天。如果全世界的人都像他们一样享受,地球上的资源又能撑多久?

什么是成长?成长是你内心的一个尺度。你能够感觉到成长,内心知道自己会成长为什么样子。就好像一粒橡树籽,无须教导,也会成长为一棵挺拔的橡树。世界上每一个人都可以成长为自己最好的样子,同时每一个人也拥有关于成长为这个样子所有的资源。

成功的游戏永远是排他的,一个乐团永远只会有一个主提琴手,但是不同的乐器却可以演奏出一首交响乐;一个国家只有一个首富,但是每一个人都可以登上自己的幸福高峰;一个班级只会有一个第一名,但是成长的游戏却有很多赢家。每一个人都有权利成为篮球界第一、摄影界第一、莫名其妙自信界第一。中国只有一个清华、一个北大，但是中国另外的 3000 多所大学可以有各自的精彩。

罗素说，孔雀是世界上最温顺的鸟，那是因为每一只孔雀都认为自己是最美丽的。

我们这个世界无法承担更多的单一的成功，它需要全新的方式去滋养更多的人，让他们更加快乐。那就是让每一个人摆脱既有的成功定义，真正享受作为自己、一个独特的自己的快乐。因为到了那一天，每一个人都能感受到自我实现的快乐，每一个人都能享受到对方存在的乐趣而不是竞争。

这个世界因为我而有所不同，我因为这个世界而更加精彩，这才是这个新世纪应有的价值观。

这个世界一定是一个从"我有什么"到"我是谁"的世界。

这个世界一定是一个从成功到成长的世界。

这个世界一定是一个每个人都能成长为自己样子的世界。